파이썬으로 시작하는 코딩

파이썬으로 시작하는 코딩

나만의 게임을
만들어 보자!

브라이언 칼링 & 말리 아데어 지음

민지현 옮김

권갑진 감수

코딩타임

베타 리더의 소감

강동욱 (서울대학교 컴퓨터공학과 석사 졸업, 파수닷컴 프로그램 소스코드 분석기 개발자)

　정말 쉽습니다. 프로그래머들은 파이썬이 쉽다고들 말하지만, 막상 비전공자가 파이썬을 접하면 어려움을 느끼고 포기하는 경우가 많지요. 일반인들은 루프의 개념조차 쉽게 이해하지 못하니까요. 이 책은 그것을 간과하지 않습니다. 한 줄 한 줄 끼고 앉아 가르쳐 주지요. 지루한 좌표계 수학만 줄줄이 읊어 댈 위험에 빠지지 않고, 게임 프로그래밍의 즐거움을 알려 주는 것도 장점입니다. 이 책으로는 프로그래밍 문외한도 쉽게 파이썬을 이해하고, 배울 수 있을 듯합니다. 프로그래밍에 대한 두려움이 있거나 실패한 경험이 있는 독자들에게 적극 추천합니다.

최준영 (공학박사, 효성중공업 신재생에너지팀 책임연구원)

　코딩 입문자가 쉽게 파이썬을 시작하고, 프로그래밍의 즐거움에 빠지도록 안내하는 책입니다. 한 장, 한 장 넘기며 따라하고 배우다 보면 어느새 파이썬의 세계에 들어가 있는 스스로를 느낄 수 있지요. 마치 파이썬의 세계로 안내하는 친구 같은 느낌의 책이랄까요. 안내만 하는 것이 아니라, 잘 정착할 수 있도록 돕기까지 하는 친구 말입니다. 기존에 다른 프로그래밍 언어를 사용해 본 사람이라면 더더욱 이 책을 통해 새로운 즐거움을 느낄 수 있을 듯합니다. 저 역시 업무를 위해 C 언어를 사용하면서 프로그래밍 언어가 조금 무겁고 버겁게 느껴지곤 했는데, 이 책을 통해 파이썬을 접하고 알아가면서 즐겁게 프로그래밍 언어를 사용하던 예전으로 돌아간 듯했습니다. 책의 예제를 모두 익히고 나니 나만의 게임 프로그램을 만들고 싶은 욕구가 샘솟습니다.

이세희 (숙명여대 컴퓨터과학과 졸업, 프리랜서 개발자)

　파이썬이라는 개발 언어뿐만 아니라 사이사이 간단한 영어, 수학까지 설명해 주는 친절한 코딩 입문서입니다. 따라 하다 보면 게임 몇 개는 뚝딱 만들 수 있는 책이기도 하지요. 기존의 파이썬 책과는 다르게 개념을 한 컷 만화로 설명해 주는 것도 재미있답니다. 이 책에 있는 기본 코드를 개념까지 완벽하게 숙지하면 누구나 파이썬의 세계에 쉽게 들어설 수 있을 거예요. 거기에 상상력을 더해 프로그래밍을 해 보는 것도 즐거울 거고요.

📑 안정희 (초등 방과후학교 로봇과학 강사)

파이썬에 대해 제대로 몰랐지만, 설치부터 상세하고 친절하게 설명해 주는 이 책을 통해 파이썬 프로그래밍에 쉽게 다가갈 수 있었습니다. 단순한 코딩 용어의 나열이 아니라 게임 준비 파일을 만든 다음, 코드를 한 줄 한 줄 이해시켜 주는 구성이 정말 도움이 되었습니다. 내 손으로 게임을 만들고 실행해 보는 과정도 진심으로 흥미롭고 즐거웠습니다. 초등 교육 현장에서도 스크래치, 엔트리, 파이썬 같은 코딩에 대한 관심이 점점 커지고 있는데 코딩에 어렵지 않고, 재미있게 입문할 수 있도록 우리 아이는 물론 같이 수업하는 방과 후 학생들에게도 이 책을 경험하게 하고 싶습니다.

📑 송정훈 (서울 서일중학교 3학년)

처음 접하는 학생들도 쉽게 코딩을 배울 수 있도록 도와주는 책입니다. 처음에는 파이썬이라는 새로운 과목이 너무 어렵고 지루하지 않을까 걱정했는데, 어린이 위주의 스크래치보다 훨씬 실용적일 뿐만 아니라 설명도 친절하고 사이사이 재치 있는 일러스트도 들어 있어 좋았어요.

📑 이시은 (서울 서일중학교 2학년)

파이썬은 그동안 배운 스크래치와 완전히 다른 방식으로 프로그램을 만들어서 신기했어요. 코드를 많이 입력해도 실행되는 게 너무 적어서 허무할 때도 있었지만, 코드를 고칠 때마다 다르게 실행돼서 정말 재미있었습니다. 앞으로 파이썬을 더 공부해서 지금보다 복잡한 프로그램도 만들 수 있으면 좋겠어요.

📑 이강빈 (수원 명인중학교 2학년)

전에 배운 코딩(스크래치)과 파이썬은 다른 점이 많았습니다. 파이썬을 배우면서 프로그램 하나를 만드는 데 굉장히 많은 시간이 걸린다는 걸 알았어요. 하나의 빗방울에서 시작해 소나기를 쏟아지게 하는 과정이 특히 인상 깊었습니다. 솔직히 시작할 때는 파이썬이 어렵지 않을까 생각했는데, 이 책을 읽으면서 공부하다 보니 재미도 있고 성취감도 느낄 수 있어 좋았습니다.

누가 이 책을 읽어야 하나요?

- 파이썬에 대해 하나도 모르는데 학교에서 배운다고 해서 놀란 중·고등학생과 대학생
- 파이썬으로 무엇인가 만들어 보고 싶은 일반인
- 파이썬을 배우다가 지루해서 포기한 사람

모르는 게 생겼어요!

"나는 제대로 코드를 썼는데 왜 실행이 안 될까?"
잘못 쓴 코드가 어디 있는지 아무리 찾아도 안 보인다면,
"이건 도대체 무슨 말이지?"
혼자 책을 읽다 보니 이해되지 않는 게 생긴다면,
"코딩타임" 네이버 카페로 오세요!
같은 궁금증을 가진 친구들과 이야기하고,
같이 답을 찾아봐요.

http://cafe.naver.com/codingtime2

왜 에러가 날까요?

열심히 코드를 썼는데 실행시키니 빨갛게 에러 메시지가 뜬다고요? 무슨 말인지도 모르겠고 어떻게 고칠지도 모르겠다고요? 에러는 보통 오타 때문에 일어납니다. 에러 메시지를 잘 읽어 보세요. 어디를 고쳐야 할지 알 수 있을 테니까요. 잘 모르겠다면 "Line 숫자"가 적힌 부분을 찾아보세요. 위에서부터 몇 번째 줄이 문제인지를 알려 주니까요. 위에서부터 몇 번째 줄이 잘못됐으니 고치라고 이야기해 주는 거예요. 다만 항상 명확하게 알 수 있는 건 아니니, 도무지 왜 실행이 안 되는지 모르겠다면, 구글에서 검색해 보거나 코딩타임 카페에서 물어보세요!

코드가 무슨 말인지 모르겠어요.

파이썬 코드는 영어로 씁니다. 지금은 영어 타이핑에 익숙하지 않겠지만, 몇 번 쓰다 보면 금방 늡니다. 온갖 문장 부호들이 제멋대로 섞여 있는 것처럼 보이지만, 각자 나름의 의미를 갖고 있답니다. 무슨 뜻인지 몇 개만 미리 알아볼까요?

_ **(언더바)**는 이름을 지을 때 띄어쓰기 대용으로 사용합니다. 예를 들어 "코딩_타임" 이런 식이지요. "pepperoni_pizza" 이렇게 씁니다. 인스타그램에서 자주 보이는 방식이지요.

- **(대쉬)**는 거의 쓰이지 않습니다. 쓰는 경우는 뺄셈을 할 때뿐이지요. (파이썬에서도 뺄셈을 해요!)

. **(마침표)**는 종속 관계를 나타냅니다. pygame.draw라고 쓰면 pygame 안에 draw라는 게 있다는 뜻이지요. 코드를 쓸 때는 보통 문장을 쓸 때처럼, 마칠 때 .을 찍는 게 아니랍니다!

, **(쉼표)**는 보통 쓰는 대로 쓰면 돼요.

"" **(따옴표)**는 문자를 그대로 나타낼 때 씁니다. print("pizza")라고 쓰면 pizza라는 단어를 화면에 보여주라는 뜻이지요.

[enter]**(줄바꿈)**은 별로 중요하지 않습니다. 내용상으로 구분될 때는 줄을 바꾸지만, 안 바꿔도 상관없어요.

띄어쓰기는 잘해야지요. 보통 쓰는 대로 쓰면 됩니다.

들여쓰기는 정말 정말 중요하답니다. 파이썬 코드는 아예 들여쓰지 않거나, 4칸, 8칸, 12칸, ……씩 들여쓴답니다. 이게 무슨 말이냐고요? 어떻게 4칸, 8칸을 세고 있냐고요? 다 방법이 있지요. 뒤에서 알려 줄게요.

대/소문자는 구분해야 합니다. 따로 약속하지 않으면 코드 맨 앞에도 소문자를 씁니다.

이 정도만 알고 있으면 코드를 처음 보더라도 많이 헷갈리지 않을 거예요.

이 책에는 기본 사용법 알기를 위한 원 그리기, 빗방울 공장 외에

우주 침략자 게임, 퐁 게임, 파리 잡기 게임, 탱크 배틀 게임을 만드는 방법이 수록되어 있어요.

읽으면서 각 프로그램을 만드는 순서를 같이 알아봅시다.

1 ┃ 새 파일을 만들어요.

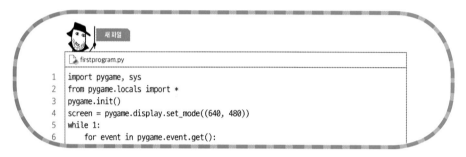

```
새 파일

firstprogram.py
1  import pygame, sys
2  from pygame.locals import *
3  pygame.init()
4  screen = pygame.display.set_mode((640, 480))
5  while 1:
6      for event in pygame.event.get():
```

2 ┃ 친절한 설명을 읽으면서 왜 코드를 그렇게 썼는지 이해해요.

이제 앞에서 쓴 코드를 하나씩 살펴보면서 어떤 일을 하는지 알아봅시다.

import pygame, sys

1번째 줄은 도구를 가져오라는 뜻입니다. 자전거를 고칠 때 오른을, 빵 구울 때 드라이버를 사용하지는 않잖아요? 컴퓨터 프로그래밍도 마찬가지입니다. 파이썬에 적절한 도구가 있지요. 파이게임pygame이나 시스sys 같은 것들이요. 이런 것들을 일단 가져오라import는 뜻이지요.

🔧 파이게임은 파이썬을 위한 미술 도구입니다. 게임이나 애니메이션을 만들 때 필요한 그래픽 작업에 쓰이는 여러 도구가 담겨 있습니다.

✏ 시스는 파이썬을 실행시키는 컴퓨터 시스템 부분과 파이썬이 대화할 수 있도록 해 줍니다.

3 | 음영 표시된 부분의 코드를 추가해요.

(취소선 표시된 부분은 삭제!)

공을 치도록 해 봅시다. 앞에서 배트와 공 사이의 충돌이 감지되면, 속도가 20이 될 때까지 1.1
을 곱하는 코드를 bounce() 함수 안의 for 루프에 썼습니다. 그 코드를 다음과 같이 바꿉니다.

```
if self.speed < 20:
    self.speed *= 1.1
if time.time() < bat.lastbop + 0.05:
    self.speed *= 1.5
```

4 | 실행 버튼이 보이면 실행시켜 보세요!

```
            screen.blit(fly_image,(tpos[0]-fly_image.get_width()/2,tpos[1]-fly_image.get_
    height()/2))
        elif time.time() > self.spawn_time + 1.4 and time.time() < self.spawn_time + 3.4:
            rotated = pygame.transform.rotate(fly_image,self.dir)
            screen.blit(rotated,(self.x,self.y))
```

실행

5 | 재미있게 플레이!

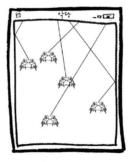

이 책에 나오는 모든 코드, 이미지, 사운드 파일은 저자 웹사이트(http://pythonhunting.github.io)
또는 네이버 코딩타임 카페(http://cafe.naver.com/codingtime2)에서 확인할 수 있습니다.

말리는 10대 초반일 때 파이썬을 배우고 싶어 했습니다. 나(브라이언)는 말리의 수준에 맞는 초중등 대상의 책을 찾아보았지만, 대부분 성인 대상으로 쓰인 책에 그림을 추가하고 말을 쉽게 바꾼 것뿐이었습니다. 어린 학생들을 대상으로 하기는 했지만, 아이들이 흥미 있어 할 내용도 아니었고, 나이대에 맞는 방법으로 가르치는 것도 아니었지요.

결국 말리는 이것저것 시도해 보면서 혼자 공부할 수밖에 없었습니다. 손위 프로그래머들에게 물어보면서 말이죠. 그러다 우리는 결심했습니다. 말리가 처음 프로그래밍을 배우기 시작할 무렵 있으면 좋겠다고 생각했던 그 책을 직접 쓰기로 말이지요.

《파이썬으로 시작하는 코딩》은 바로 그 결과물입니다. 우리는 이 책이 한국에 출간돼서 매우 자랑스럽습니다. 우리가 이 책을 쓰면서 즐거웠던 것만큼, 한국의 독자 여러분도 이 책을 읽으면서 파이썬과 코딩의 재미를 느낄 수 있다면 좋겠습니다.

그럼 행운을 빌어요.

브라이언과 말리

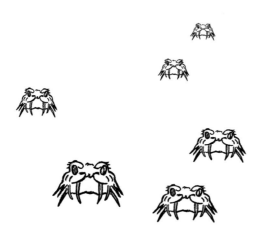

어디로 가는지 모르면 결코 길을 잃지 않지.
아무것도 시작하지 않으면 결코 망할 일이 없는 것처럼.

"파이썬 왜 배워야 하나요?"

아이들을 가르치면서 항상 들었던 질문입니다. 제가 처음 파이썬을 배울 때도 들었던 의문이지요. 도대체 이걸로 뭘 할 수 있기에 이렇게 재미없고 어려운 걸 배워야 할까?

이 책을 집어든 여러분들도 비슷한 생각을 하고 있을 것입니다. 파이썬, 파이썬 하는데 대체 그게 뭐야? 그냥 컴퓨터 프로그래밍 언어 아닌가? 이거 정말 필요한 거야? 내가 프로그래머가 될 것도 아닌데 왜 배워야 하지?

각자 곧 필요를 느끼게 되겠지만, 파이썬은 프로그래머가 아닌 일반인이 인공지능을 비롯한 신기술을 만들 수 있는 가장 쉽고 빠른 수단입니다. 4차 산업혁명으로 만나게 될 미래의 사회에서는, 프로그래머이든 아니든 기본적인 컴퓨터 활용 능력이 필요합니다. 물론 지금처럼 컴퓨터로 문서를 작성하거나 엑셀을 할 줄만 알면 될 수도 있습니다. 그러나 미래에는 지금 엑셀이나 파워포인트를 다루는 것처럼 파이썬을 다뤄야 할 가능성이 높습니다. 왜냐하면 배우기 쉬우면서도 굉장히 많은 것을 할 수 있게 되기 때문이지요. 일적인 측면이 아니라더라도, 간단한 파이썬 코드 몇 줄만으로 손쉽게 나만의 인공지능 비서를 만드는 일이 가능해질 것입니다.

파이썬을 배워 둬야 한다고 생각했어도, 막상 파이썬을 시작하려고 했더니, 영어인 것 같은데 알 수 없는 코드들이 외계어 같이 낯설게만 느껴져서 포기한 사람도 있을 것입니다. 이 책은 파이썬으로 재밌는 게임들을 만들면서 왜 코드를 그렇게 썼는지 알려 주는 책이랍니다. 읽으면서 따라하다 보면 어느 순간 코드가 이해되고, 파이썬에 익숙해질 거예요. 포기하지 말고, 끝까지 같이해요.

민지현

파이썬은 무료일 뿐만 아니라 문법이 쉽고, 다양한 분야의 방대한 라이브러리를 갖추고 있기 때문에 입문자에게 추천할 만한 프로그래밍 언어입니다. 게다가 데이터 과학 및 인공지능을 비롯한 첨단 분야와 웹 서버, GUI 등 다양한 분야의 실무에도 널리 활용 중이라 제대로 익혀 두면 미래에 큰 도움이 될 수 있습니다. 하지만 프로그래밍은 직접 만지거나 느낄 수 없기 때문에 혼자 공부에 어려움을 겪을 수 있습니다. 가능한 한 바로바로 확인할 수 있는 주제로 시작하는 것이 좋지요. 지금은 20년 이상의 소프트웨어 연구 개발 경력을 갖고 있는 저와 컴퓨터의 인연도 중학생 시절 교육용 언어인 BASIC 언어로 간단한 그래픽 아트 프로그램을 작성하면서 시작됐습니다. 간단한 그래픽과 사운드뿐인 프로그램이었지만 실행 결과를 눈과 귀로 직접 보고 확인할 수 있어 프로그래밍의 작동 방식을 이해하는 데 큰 도움을 받았고, 흥미도 가질 수 있었지요.

《파이썬으로 시작하는 코딩》은 코딩 초급자에게 가장 적절한 파이썬 언어와 게임 만들기라는 흥미로운 주제의 훌륭한 연계를 통해, 코딩을 어렵지 않게 시작할 수 있도록 도와줍니다. 특히 게임 만들기란 주제는 코드의 실행 결과를 바로바로 보여 줘 코딩에 흥미를 갖게 해 주는 좋은 주제지요. 이 책에서 특히 감탄스러운 것은 게임에 재미 요소를 하나씩 추가하며 점진적으로 독자의 관심을 집중시키는 유쾌한 진행 방식입니다. 기존 게임 코드에 여러 요소를 추가하면서 발전시키는 모습이 실전 프로그래밍과 크게 다르지 않기 때문에 실제 현업에서 쓰이는 프로그래밍 스킬도 충분히 배울 수 있습니다. 독자는 재미있는 게임 4개를 직접 구현해 보면서 파이썬 언어와 프로그래밍을 동시에 익힐 수 있게 되지요. 거기에다가 이 책은 그래픽과 사운드를 결합해 재미있는 게임을 만들 수 있도록 파이게임(pygame) 라이브러리를 활용합니다. 다양한 게임의 캐릭터를 구현해 나가는 과정에서 그래픽 구현 프로그래밍의 기초도 배울 수 있습니다. 이와 관련된 삼각함수, 원, 사각형과 관련된 기하학 수학의 활용 방법 또한 자연스레 이해할 수 있고요. 수학이 프로그래밍에 어떻게 적용되는지 이해할 수 있다면 추상적으로만 느껴지던 수학 지식을 실생활에서 활용할 방법을 찾게 될 것입니다.

영어를 활용할 기회가 생긴다는 점도 유익한 점입니다. 프로그래밍에는 영어 문장 입력이 필요합니다. 소스 코드를 작성하려면 영어 사용에 익숙해져야 하고, 직접 작성한 코드를 영어로 설명해야 할 때도 있습니다. 이 책 한 권으로 프로그래밍뿐만 아니라 수학, 영어를 함께 공부할 수 있는 셈입니다. 현명한 학생과 부모님, 선생님뿐만 아니라 프로그래밍의 세계에 발을 들여놓고 싶은 모두에게 소프트웨어 프로그래밍 교육 입문 도서로 《파이썬으로 시작하는 코딩》을 주저 없이 추천합니다. 이 책이 독자 여러분께서 프로그래밍이라는 멋진 세계에 흥미를 갖게 되는 좋은 계기가 되기를 바랍니다.

권갑진

0장 파이썬 준비하기

Part 0 파이썬 시작하기

1장 우주 창조

Part 1 우주 침략자 게임

Part 2 퐁 게임

Part 3 파리 잡기 게임

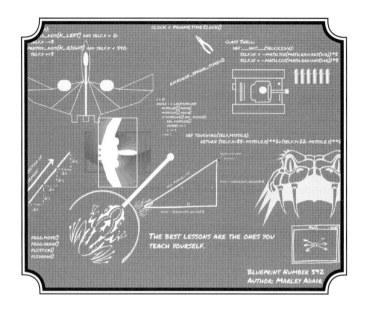

- 비를 뿌리는 구름과 비를 막을 우산
- 랜덤으로 공격하는 우주 침략자 게임
- 함수를 이용해 벽에 부딪힌 공이 속도가 빨라지도록 하는 퐁 게임
- 굶어 죽지 않으려고 날름날름 파리를 잡아먹으면서 회전하는 개구리
- 움직이는 장애물, 벽에 부딪히면 튕겨 나오는 포탄, 쓰면 줄어들지만 탄약고에서 다시 채울 수 있는 탄약

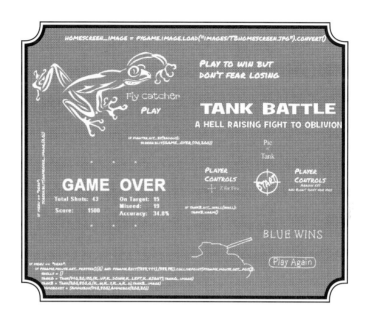

- 시작 화면, 게임 오버 스크린, 남은 에너지 바, 점수, 음향 효과 등 일반적인 게임 만드는 법도 배울 수 있어.
- 클래스, 루프, 함수, 반복 등 개발자가 되기 위해 필요한 기본 스킬도 배울 수 있지.
- 행운을 빌어.

후와!

예전에도 이런 적 있었던 것 같은데.

Python

0장

파이썬 준비하기

여기 대체 뭐야?

나도 몰라.

먼저 컴퓨터에 파이썬을 설치합니다. 여기에서는 윈도우 OS 기준으로 설명합니다.

1 | 내 컴퓨터의 OS 버전부터 확인합시다. 윈도우에는 32비트와 64비트가 있습니다.

→ 키보드에서 ⊞와 R 을 동시에 눌러 검색창을 여세요. 시작 표시줄의 🔎 버튼을 클릭해도 됩니다. 검색창에 제어판이라고 입력하고 Enter 를 누르면 제어판이 열립니다. 시스템 및 보안 > 시스템을 클릭하면 시스템 종류가 32비트인지 64비트인지 알 수 있습니다.

2 | https://www.python.org/downloads/windows/ 에서 최신 버전을 확인합니다.

Latest Python 3 Release 옆에 적혀 있는 숫자가 최신 버전입니다. 최신 버전이 3.7.로 시작한다면, 스크롤을 내려 3.5.로 시작하는 버전을 찾으세요. (최신 버전보다 둘 정도 전 버전을 다운받는 것이 좋습니다. 왜냐하면 라이브러리 안정성 등의 이슈가 있을 수 있기 때문입니다.)

3 | 버전을 찾으면, 거기에 딸린 링크를 선택하여 클릭합니다.

윈도우 32비트이면 Windows x86 executable installer, 64비트이면 Windows x86-64 excutable installer를 다운받으면 됩니다.

(아래 그림은 예시입니다. 만약 최신 버전이 3.8.로 시작한다면, 3.6.으로 시작하는 버전에서 다운받으세요.)

```
• python 3.6.0
    • Download Windows x86 web-based installer
    • Download Windows x86 executable installer
    • Download Windows x86 embeddable zip file
    • Download Windows x86-64 web-based installer
    • Download Windows x86-64 executable installer
    • Download Windows x86-64 embeddable zip file
```

4 │ 다운받은 파일을 더블클릭해 설치하세요. 이때 반드시 설치창 하단의 Add Python 3.x to path에 체크한 후 Install Now를 클릭합니다.

5 │ 파이썬이 제대로 설치됐는지 확인합니다. 시작 프로그램에 Python 3.x와 IDLE이 보일 것입니다. (IDLE이 무엇인지는 29쪽에서 설명하겠습니다.)

→ 설치된 파이썬 버전을 확인하고 싶으면 (⊞)와 (R)을 동시에 눌러 검색창을 연 다음 cmd라고 입력하고 (Enter)를 눌러 커맨드 라인^{command line}을 여세요. 커맨드 라인에 python이라고 입력하고 (Enter)를 누르면 버전이 표시됩니다.

> **참고**
>
> 이 책의 코드는 파이썬2와 파이썬3에서 모두 작동하지만, 파이썬 3.x.x 버전을 설치하는 것이 좋습니다. 맥에는 파이썬이 이미 설치돼 있습니다. 대부분의 리눅스 버전에도 파이썬이 미리 설치돼 있습니다.

파이게임pygame도 설치해 봅시다. 파이게임은 파이썬 언어로 게임을 만들도록 도와주는 모듈 모음입니다. 파이게임을 사용하면 파이썬을 재미있게 배울 수 있습니다. 자, 지금부터 pip를 사용해서 파이게임을 설치해 보겠습니다. pip를 사용하면 파이썬에 사용되는 많은 라이브러리를 쉽게 다운로드할 수 있습니다. 라이브러리는 추가로 설치해야 하는 함수들의 모음입니다.

1 | ▣와 ⓡ을 동시에 눌러 검색창을 연 다음 cmd라고 입력하고 [Enter]를 눌러 커맨드 라인을 엽니다. 방금 전 파이썬 버전 확인에도 커맨드 라인을 이용했습니다. 커맨드 라인은 앞으로도 계속 나오니까 ▣와 ⓡ을 동시에 눌러 검색창을 연 다음 cmd라고 입력한다는 것을 꼭 기억하세요.

2 | 커맨드 라인에 pip install pygame이라고 입력하고 [Enter]를 누르면 설치됩니다. 설치가 완료되면 커맨드 라인을 닫으세요. 설치가 제대로 되지 않으면 파이썬을 제거하고 다시 낮은 버전의 파이썬을 다운받아 설치하세요.

```
C:\ 명령 프롬프트

C:\Users\username> pip install pygame
```

> **참고**
>
> 또 다른 방법도 있습니다. pygame.org에 가서 다운로드를 클릭하세요. 다운로드 옵션 목록을 보고 여러분의 파이썬 버전에 맞는 것을 고르면 자동으로 알맞은 장소에 설치됩니다. 예전에는 주로 이렇게 파이게임을 설치했지요. 여전히 이렇게 해도 되지만 파이썬 라이브러리를 쉽게 설치할 수 있도록 pip가 생겼으니까 pip를 쓰는 것이 좋겠지요.
>
> 맥에서 pygame을 설치하려면 터미널을 열어서 다음을 입력하고 [Enter]를 누르세요.
>
> sudo easy_install pygame
>
> 리눅스에서 pygame을 설치하려면 터미널을 열어서 다음을 입력하고 [Enter]를 누르세요. 리눅스는 종류가 다양하므로, 각각에 맞는 설치법을 따로 찾아보세요.
>
> sudo pip install pygame

자, 이제 파이게임 설치가 끝났습니다!

파이썬을 사용한다는 것은 무엇일까요? 바로 파이썬으로 된 코드를 입력한다는 것입니다. 자, 그럼 이제 코드 입력에 이용할 프로그램을 정해 볼까요? 메모장 같은 텍스트 편집기에 입력해도 되지만, IDE ^{Integrated Development Environments, 통합 개발 환경}같이 프로그래밍을 도와주는 소프트웨어를 사용하면 편리합니다.

파이썬의 IDE는 IDLE입니다. 파이썬과 함께 설치되지요. IDLE을 열어 File>New File을 클릭하면 새 창이 뜹니다. 거기에 코드를 입력하고 저장합니다. 저장 위치는 어떤 곳이든 상관없습니다. 저장했다면 (F5)를 눌러보세요. 코드가 실행될 거예요. 38쪽에서 직접 해 볼게요.

코드를 메모장에 쓰고 커맨드 라인을 열어 실행시키는 방법도 있습니다. 이 방법은 뒤에서 다시 설명하겠습니다.

> **참고**
>
> 많이 쓰이는 다중 언어 지원 IDE로는 이클립스^{Eclipse}가 있습니다. 만약 여러분이 이미 IDE를 사용하고 있다면, 거기에는 디버깅 debugging 도구, 자동 코드 완성 기능 등이 들어 있을 것입니다. IDE가 쓰기 불편하다고 불평하는 사람들도 있지만, 없으면 못 산다는 사람들도 있습니다. 개발자라면, 보다 유용한 기능을 많이 발견할 수 있겠지요.
> 이 책의 지은이이며 학생이자 개발자인 말리^{Marley}는 단순한 텍스트 편집기를 사용합니다. 말리 외에도 많은 개발자가 단순한 텍스트 편집기를 사용하지요. 또 다른 지은이이며 교사인 브라이언^{Brian} 역시 처음에는 텍스트 편집기 사용을 권합니다. 텍스트 편집기도 IDE 처럼 종류가 다양합니다. 윈도우용 노트패드++나 리눅스의 gedit, Atom 또는 Emacs 등 다양한 텍스트 편집기가 있습니다. 대부분의 텍스트 편집기가 코드 줄 수를 세어 주고, 코드의 특정 부분을 색으로 표시해 줍니다. 매우 유용하지요. 다른 기능이 더 있는 것도 있지 만, 대부분 알아서 해야 합니다.

타이핑

코드를 직접 타이핑하는 것은 매우 중요합니다. 인터넷에서 그림을 복사해서 붙여 넣는다고 화가가 될 수는 없잖아요? 웹사이트에서 코드를 복사해서 붙여 넣는 것만으로는 프로그래머가 될 수 없습니다. 이 책의 웹사이트에 코드가 있긴 하지만, 오류가 생겼을 때 확인하는 용도로만 사용하세요. 어차피 타이핑할 분량이 많지도 않답니다.

들여쓰기, 탭, 스페이스

파이썬에서는 들여쓰기가 매우 중요합니다. 들여쓰기는 파이썬이 코드 뭉치를 구분하는 방법입니다. 들여쓰기 된 코드는 바로 위에 있는 코드와 한 덩어리입니다. 지금부터 들여쓰기 하는 방법을 알려드릴게요.

[Space]를 4번 누르세요. 4칸이 아니더라도 항상 같은 수만큼 들여쓰기 하면 제대로 작동합니다. IDLE을 쓴다면 이미 [Tab]이 [Space] 4칸으로 설정돼 있으니 [Tab]을 누르면 됩니다.

> **참고**
>
> 만약 코드 한 뭉치를 전부 4칸씩 들여쓰기 하려면 모두 선택한 다음 [Tab]을 누르면 됩니다. [Shift]와 [Tab]을 동시에 누르면 4칸 들여쓰기가 모두 삭제됩니다. 이 기능은 [Tab]을 [Space] 4칸으로 설정했을 때만 작동합니다.

스펠링

파이썬에서 사용되는 모든 단어는 미국식 영어입니다. 예를 들어 "color"는 이렇게 써야 합니다. 영국식으로 "colour"라고 쓰면 안 됩니다.

콜론(:)

콜론colons(:)을 쓸 때는 규칙을 따라야 합니다. 빠뜨리면 프로그램이 작동하지 않거든요. 걱정할 필요는 없습니다. 콜론을 안 쓰면 오류 메시지가 뜨니까요. 어디에 안 썼는지까지 알려 줍니다. 아래 줄에서 들여쓰기 했다면, 바로 위 줄의 끝에는 반드시 콜론이 있어야 합니다. 아래 의사 코드 에서 확인해 보세요.

의사 코드

의사 코드pseudo code는 코드를 쉽게 설명할 때 사용합니다. 코드만 보고는 무엇을 하려는지 잘 이해되지 않을 때, 의사 코드를 사용하지요.

```
만약 오른쪽 화살표 키를 누르면
    오른쪽으로 돌기
만약 왼쪽 화살표 키를 누르면
    왼쪽으로 돌기
```

의사 코드는 실제 코드처럼 컴퓨터에서 작동하지는 않습니다. 사람들에게 무얼 하는지 알려 주기 위해 쓰는 거니까요.

코드 안 괄호들은 일정한 규칙 없이 아무렇게나 쓴 것처럼 보입니다. 여기저기 나오는데다 어떤 것은 괄호로 싸여 있고, 어떤 것은 아니니까요. 안에 아무것도 없는 괄호도 있고 괄호 밖에 또 다른 괄호가 있기도 합니다.)))로 끝나는 코드도 있습니다. 그러나 눈에 익기까지 시간이 좀 걸릴 뿐 어렵지는 않습니다. 하나만 기억하세요. 괄호는 반드시 쌍으로 써야 합니다. 여는 괄호가 있으면 반드시 닫는 괄호도 있어야 하지요.

괄호는 대략 두 가지 용도로 쓰입니다.

첫 번째로, 여러 개를 하나로 묶는 역할입니다.

(어떤 것, 어떤 것, 어떤 것)

이런 식으로요. 아래처럼 하나만 있으면 괄호를 안 씁니다.

어떤 것

두 번째로, 함수 이름 끝에 쓰입니다.

함수()

함수는 어떤 일을 하는 어떤 것입니다. 수학 시간에 배우는 함수와 비슷하지요. 뒤에서 자세히 설명하겠습니다.

가끔 함수 이름 뒤의 괄호 안에 어떤 것을 쓰기도 합니다. 아래처럼요.

함수((어떤 것, 어떤 것)) 또는 함수((어떤 것, 어떤 것), 어떤 것)

가끔 함수 이름 뒤의 괄호에 함수를 쓰기도 합니다. 이렇게요.

함수(함수())

위에 쓴 것을 섞어서 쓰기도 합니다.

함수(함수((어떤 것, 어떤 것)))

괄호의 짝이 맞지 않으면
지구가 왼쪽으로 기울어져
태양과 충돌할 거예요.

1 | 이 책에서는 총 여섯 가지의 파이썬 프로그램을 만듭니다. 각 프로그램마다 먼저 준비 파일을 만든 후, 책을 읽으면서 준비 파일의 코드를 이해합니다. 우리가 만들 프로그램의 준비 파일 코드는 아래와 같은 박스 안에 들어 있습니다.

```
 Python Shell
```

전체 코드는 뒤로 갈수록 점점 길어질 예정입니다. 책 뒤의 부록에서 전체 코드를 전부 확인할 수 있습니다. 웹사이트의 코드 페이지에서도 전체 코드를 확인할 수 있고요.

2 | 전체 코드를 입력한 다음에는 개별 코드의 의미를 이해해야 합니다. 아래 같은 박스에 코드가 몇 줄씩 들어 있습니다.

박스 아래에는 코드에 대한 설명이 나올 거예요. 이런 개별 코드에 대한 설명을 읽을 때, 전체 코드를 부록이나 웹사이트에서 확인할 수 있습니다. 만들고 있는 코드가 전체 코드 안에서 어디 위치하는지, 들여쓰기는 어떻게 해야 하는지 헷갈릴 때 도움이 될 거예요.

3 | 음영으로 표시된 코드는 수정 또는 새롭게 추가되는 부분이니까 준비 파일에 타이핑해 넣으세요! 어디에 넣어야 할지 모르겠으면 부록이나 웹사이트를 참고하세요.
취소선이 표시된 코드는 삭제하라는 뜻입니다.

4 | 박스 안에 들어 있지 않은 코드는 '이렇게도 할 수 있다'는 것을 알려 주는 코드랍니다.

앞부분에는 떨어지는 빗방울과 우주 침략자 게임이 있습니다. 클래스class, 함수, 루프loop 같은 주제를 다룰 거예요. 뒷부분에서는 배운 것을 적용하여 퐁 게임pong type game, 파리 잡기 게임fly catcher과 탱크 배틀 게임tank battle을 만들 것입니다. 웹사이트에서 어떤 게임인지 미리 플레이할 수 있어요.

이 책을 끝내면 2D 슈팅 게임shoot-em-up type game과 볼 게임ball game을 만드는 기본 테크닉을 이해할 수 있을 거예요. 상상력을 조금 발휘하면 다른 타입의 게임도 만들 수 있겠지요. 파이썬 프로그래밍에서 사용되는 테크닉도 많이 알게 될 거고요.

파이썬은 네덜란드 사람인 귀도 반 로썸이 만들었대.
몬티 파이썬이라는 영국 코미디 그룹의 이름을 따서
파이썬이라고 이름을 붙였대.
파이썬 편집기인 IDLE은 몬티 파이썬 멤버 중 한 사람인
에릭 아이들(Eric Idle)의 이름을 따서 지은 거래.
반 로썸은 파이썬 커뮤니티를 계속 도와줘서
'자애로운 평생 독재자'라는 칭호를 받았대.

그런 건 어떻게 알았냐.

책에서 읽었어.

Part
0

파이썬 시작하기

파이썬 프로그램을 만드는 방법을 알아봅니다. 프로그램의 기본 구조(셋업, 클래스, 리스트, 메인 루프)를 파악하고, 클래스와 인스턴스를 사용하는 간단한 프로그램을 만들어 봅니다.

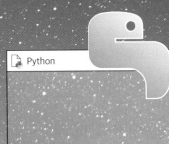

Python

1장
우주 창조

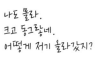

나도 몰라.
크고 둥그랗네.
어떻게 저기 올라갔지?

하늘에 저거 뭐지?

IDLE에서 파이썬 하기

1 │ 시작 프로그램 > python > IDLE을 클릭하면 IDLE이 실행됩니다. (그 창을 쉘^{shell}이라고 부릅니다.)

2 │ 쉘에서 File > New File을 클릭하면 새 창이 뜹니다.

3 │ 그 창에 아래 코드를 입력하세요.

4 │ File > Save를 눌러서 저장하세요. 저장 위치는 어디여도 상관없지만 보통 바탕화면처럼 각자 자
주 쓰는 곳에 하는 것이 좋습니다. 바탕화면에 새 폴더를 만들어 'pythonfiles' 같은 이름을 붙인
다음 해당 폴더 안에 파일을 저장하세요. 파일 이름은 마음대로 써도 됩니다. 'firstprogram' 같은
것도 좋지요. 한글이 아니라 영어로 쓰는 것이 좋습니다.

5 │ 저장이 완료되면 Run > Run module을 클릭하거나, [F5]를 누르세요. 그럼 실행됩니다.

새 파일

firstprogram.py

```
1   import pygame, sys
2   from pygame.locals import *
3   pygame.init()
4   screen = pygame.display.set_mode((640, 480))
5   while 1:
6       for event in pygame.event.get():
7           if event.type == pygame.QUIT:
8               sys.exit()
9       screen.fill((255, 255, 255))
10      pygame.draw.circle(screen, (0, 255, 0), (100, 200), 20)
11      pygame.display.update()
```

실행

앞으로 몇 쪽 동안 앞 코드에 대해 설명하겠습니다. IDLE에 색깔로 표시된다고 걱정할 필요는 없습니다. 코드를 읽기 쉽게 하려고 IDLE이 색으로 표시해 주는 것일 뿐이니까요. 텍스트 왼쪽에는 줄 번호가 있습니다. 줄 번호는 입력하지 않아도 된답니다.

들여쓰기는 매우! 중요합니다. 처음 5줄은 완벽히 맨 앞에 정렬시키세요. 6, 9, 10, 11번째 줄도 같은 수준의 들여쓰기로 줄 시작 위치를 맞추세요. 들여쓰기 할 때는 Space 를 4번 누르거나 Tab 을 누르면 됩니다. 7번째 줄은 2번 들여씁니다. 즉 Tab 을 2번 누르거나 Space 를 8번 누릅니다. 8번째 줄은 세 번 들여씁니다. 즉 Tab 을 세 번 누르거나 Space 를 12번 누르는 거지요. (IDLE에서는 기본으로 설정돼 있지만, 다른 텍스트 편집기를 사용하고 있고, Tab 을 Space 삽입으로 설정하지 않았다면 쓰지 마세요.)

7번째 줄에 있는 것은 등호 2개입니다. 뜻은 나중에 알게 될 거예요.

태양의 좋은 점은 항상 완벽한 거리를 유지한다는 거야.
귀찮을 정도로 가깝지도 않고
추울 정도로 멀지도 않지.

이 설명은 IDLE을 사용하지 않고 파이썬 파일을 실행시키는 방법에 대한 것이랍니다. IDLE에 코드를 입력하고 실행했다면 이 페이지는 건너뛰세요.

윈도우 사용자라면

1 | 메모장을 열고 그 안에 코드를 입력합니다.

2 | 확장자는 py로 저장하세요. txt는 안 돼요! 파일을 저장할 폴더도 따로 만듭니다.

3 | ⊞와 R을 동시에 눌러 검색창을 연 다음 cmd를 입력하여 커맨드 라인을 엽니다.

4 | cd 명령어를 사용하여 위에서 만든 파일이 저장된 경로를 찾아가 python firstprogram.py를 입력하세요. 실행!

맥 사용자라면

1 | 어플리케이션 폴더를 열고, 유틸리티 폴더를 엽니다.

2 | 터미널 어플리케이션을 엽니다.

3 | 앞에서 만든 파일이 저장된 경로를 찾아가 python firstprogram.py를 입력하면 실행됩니다.

리눅스 사용자라면

1 | 터미널에 익숙하겠군요! 앞에서 만든 파일이 저장된 경로를 찾아가 python firstprogram.py를 입력하면 실행됩니다.

막대로 찌르기 놀이 하자.

내가 태양에 대해 한 말 못 들었어?
보고 좀 배워.

커맨드 라인에 대해 다시 한번 정리해 봅시다. 커맨드 라인을 여는 방법은 두 가지입니다. 윈도우 아이콘 왼쪽 아래의 돋보기 버튼을 클릭하거나, ⊞와 Ⓡ을 누른 후, cmd를 입력하면 아래 같은 검은 창이 뜹니다. cmd, 커맨드 라인, 명령 프롬프트 다 같은 거예요.

바탕화면에 pythonfiles라는 폴더를 만들고 그 안에 firstprogram.py라는 파일을 만들었다면 다음과 같은 방법으로 실행할 수 있습니다.

```
C:\  명령 프롬프트

Microsoft Windows [Version 10.0.17134.112]
(c) 2018 Microsoft Corporation. All rights reserved.

C:\User\username>cd desktop
C:\User\username\desktop>cd pythonfiles
C:\User\username\desktop\pythonfiles>python firstprogram.py
              1                    2            3
```

1 ｜ 파일 저장 경로입니다. "cd 폴더 이름"을 사용하여 찾아갑니다.

2 ｜ 파이썬 파일들을 저장하기 위해 각자 만든 폴더 이름입니다. 다른 이름을 사용했다면 다르게 보이 겠지요.

3 ｜ 파이썬을 실행하기 위해 "python 파일이름.py"를 입력합니다. 역시 파일 이름으로 다른 이름을 사 용했다면 다르게 보일 것입니다. Enter 를 누르면 실행됩니다.

우주를 만드는 데
이거면 된다고?

우주를 만드는 건 쉬워.
어려운 건 그 안에
내 뜻대로 움직이는 것들을 채워 넣는 거지.
신에게 물어봐.

가끔 계획대로 일이 안 풀릴 때가 있습니다. 그럴 때는 문제 원인을 확인하고, 해결해야 합니다. 방금 입력 방법을 배웠으니까 타이핑 실수일 가능성이 높겠지요? 그럴 경우 문법 오류^{syntax error}가 일어납니다. 초보자들이 가장 많이 하는 실수지요. 예를 들어, 들여쓰기가 들쭉날쭉하면 문제가 생길 수 있습니다. 첫 줄은 한 칸, 둘째 줄은 두 칸, 셋째 줄은 세 칸씩 들여쓰기 했다면 들여쓰기 버그^{bug(문제)}가 생긴답니다. 괄호를 하나 빼먹었을 수도 있고요. 어떤 버그든지 원인을 찾아내 해결해야 합니다. 프로그래밍에서는 인내심을 갖고 탐구하는 과정은 아주 큰 부분을 차지한답니다. 참고로, 프로그램을 실행시키면 대부분 어디서 버그가 생겼는지 알려 줍니다. 아래 예에서는 6번째 줄이 문제였군요. 콜론을 하나 빼먹었어요.

```
C:\ 명령 프롬프트

C:\Users\username\desktop\pythonfiles>python firstprogram.py
    File "firstprogram.py", line 6
        for event in pygame.event.get()

SyntaxError: invalid syntax
C:\Users\username\desktop\pythonfiles>
```

모든 게 다 잘될 거야.

모든 게 다 잘되면
아무것도 배울 수 없어.

이제 앞에서 쓴 코드를 하나씩 살펴보면서 어떤 일을 하는지 알아봅시다.

```
import pygame, sys
```

1번째 줄은 도구를 가져오라는 뜻입니다. 자전거를 고칠 때 오븐을, 빵 구울 때 드라이버를 사용하지는 않잖아요? 컴퓨터 프로그래밍도 마찬가지입니다. 파이썬에 적절한 도구가 있지요. 파이게임pygame이나 시스sys 같은 것들이요. 이런 것들을 일단 가져오라import는 뜻이지요.

🔧 파이게임은 파이썬을 위한 미술 도구입니다. 게임이나 애니메이션을 만들 때 필요한 그래픽 작업에 쓰이는 여러 도구가 담겨 있습니다.

🔩 시스는 파이썬을 실행시키는 컴퓨터 시스템 부분과 파이썬이 대화할 수 있도록 해 줍니다.

```
from pygame.locals import *
```

나중에 쓰기 편하게 파이게임의 함수들을 한 번에 모두 준비시키는 코드입니다.

```
pygame.init()
```

이 코드는 파이게임을 초기화시킵니다. 파이게임의 전원을 누른다고 해야 할까요?

우리가 만든 우주의 이름은 스크린^{screen}입니다. 우리는 이곳에 '게임'이라는 빅뱅을 일으킬 거예요. 모든 일이 스크린 위에서 일어나지요.

```
screen = pygame.display.set_mode((640, 480))
```

맨 끝, 괄호 안의 숫자 2개는 이 우주의 크기를 알려 줍니다. 640은 스크린의 너비, 480은 높이지요. 이 숫자들을 바꾸면 스크린의 크기와 모양이 바뀝니다. 이 숫자들은 screen을 만드는 set_mode()라는 함수의 인자입니다. 인자가 무엇인지는 옆쪽을 보세요.

참, 프로그램을 수정했다면 실행 전에 반드시 저장하세요. 파이썬은 마지막으로 저장된 코드를 실행시킵니다. 저장하는 것을 잊어버리면 모든 코드를 잘 입력하고도 오류가 일어날 수도 있어요.

이 케이크 안 익은 것 같아.

이런. 오븐에 넣고 저장하기 버튼 누르는 걸 깜빡했다.

인자

인자arguments는 괄호 안에 들어 있는 정보 조각입니다. 예를 들어 봅시다. clock.tick(60)이란 코드에서 clock.tick()은 함수고 60은 인자입니다. clock.tick() 함수에는 1개의 인자가 필요합니다. 괄호 안에 써야 합니다. 다른 숫자를 써도 됩니다. 하지만 하나만 써야 해요.

clock.tick() 함수는 괄호 안에 숫자 1개만 있을 거라고 예상합니다. 만약 괄호 안에 단어 1개나 숫자 2개를 쓴다면 이렇게 말할 거예요.

"도대체 뭘 어쩌라는 거야?"

하지만 숫자 1개를 쓰면 웃으면서 말하겠지요.

"난 이걸로 무엇을 할 지 알고 있어."

무엇을 하냐고요? clock.tick(60)은 1초에 60번 똑딱거리는 시계를 만듭니다. 왜 만들까요? 뒤에서 알게 됩니다.

> **참고**
>
> clock.tick() 함수는 인자 없이도 사용할 수 있습니다. 인자를 쓰지 않았을 때는 얼마나 빨리 프로그램이 루프를 도는지 계산해서 알려 줍니다.

여기까지는 실제로 뭔가를 한다기보다는 프로그램을 준비시키는 코드라고 할 수 있습니다. 준비, 즉 셋업setup 부분이지요. 준비를 다 마쳤으면 프로그램을 실행시켜야 합니다. 아래 코드는 게임 루프game loop의 시작을 나타냅니다.

```
while 1:
```

> **참고**
> 보통 메인 루프main loop라고 부르지만, 우리는 게임 루프라고 부르겠습니다. 게임을 만들 때 쓸 거니까요! 루프는 코드의 반복되는 부분을 가리킵니다. for 루프, while 루프 등이 있습니다. 둘 다 그 밑에 나오는 코드를 반복해서 실행하라는 뜻입니다.

일단 루프 안에 들어가면 빠르게 일이 진행됩니다. 루프 안의 코드는 아주 짧은 순간에도 여러 번 반복됩니다. 루프란 계속해서 반복 실행되는 거니까요. 키보드를 눌렀는지, 마우스 클릭이 있었는지 여부도 여기서 감지하지요. 스크린 위에서 움직이는 것을 제어하거나 충돌 또는 점수, 생명 등의 변화를 기록하는 부분이기도 하고요. 이런 것들에 대해서는 나중에 설명하겠습니다.

지금은 while 1: 밑에 나오는 코드 몇 줄은 들여쓰기 해야 한다는 것만 기억하세요. 들여쓰기 한 코드들은 게임 루프 안에서 실행될 거예요. 아주 짧은 순간에도 여러 번 반복된다는 뜻입니다.

> **참고**
> 어떤 프로그래머는 while 1: 대신 while True:라고 쓰기도 해요. 같은 뜻입니다.

루프 안에 들어갔다면, 나갈 수도 있어야겠지요? 아래 세 줄만 알면 루프에서 빠져나올 수 있습니다. 아래 코드를 모른 채 '파이썬'이란 버스에 올라타면 하루 종일 원을 그리며 빙빙 돌 뿐 절대 내릴 수 없을 거예요.

```
for event in pygame.event.get():
    if event.type == pygame.QUIT:
        sys.exit()
```

1번째 줄은 마지막 게임 루프를 도는 동안 일어난 일을 감지합니다. 키보드 눌림 또는 마우스 클릭 같은 것들 말이지요.

2번째 줄은 버튼을 눌렀는지 확인합니다. 파이게임에서는 ⊠ 아이콘의 이름이 끝QUIT입니다.

3번째 줄은 버튼이 클릭되면 프로그램을 끝내라는 뜻입니다.

이 코드들을 정확히 쓸 수 있어야 합니다. 의미를 모르겠다고 좌절할 필요는 없어요. 이 책을 끝낼 때쯤 무슨 말인지 알게 될 테니까요. 만약 이 코드가 작동하지 않으면 그냥 창을 닫으세요. (커맨드 라인을 쓰고 있다면 Ctrl + C 를 누르세요.)

> **참고**
> IDLE에서는 파이게임 윈도우의 ⊠ 아이콘을 클릭하면 코드 실행이 정지됩니다. 창을 닫으려면 IDLE의 쉘 창을 닫아야 합니다.

다리를 추가하고,
터치 센서를 추가하고,
AI 유닛을 추가하지.

== 와 =

    파이썬에서 =는 우변에 있는 값을 좌변에 대입하라는 뜻입니다. 수학과는 다르지요. 수학에서는 =를 쓰면 양쪽이 같다는 뜻이니까요.

b=2

    수학에서 이렇게 쓴다면 b가 2라는 뜻이지만, 파이썬에서 이렇게 쓴다면 b에 2를 대입하라는 말입니다. 이전에는 b가 다른 것일 수도 있지만, 어쨌든 지금은 2라는 얘기예요.
    한편, ==는 좌변이 우변과 같으냐고 물어보는 질문이랍니다.

b==2

    위 수식은 b가 2냐고 물어보는 것이지요. b는 뭐든 될 수 있어요. 593일 수도 있지만, 2일 수도 있지요. 만약 b가 593이면 파이썬은 같지 않다고 대답할 테지만 b가 2라면 같다고 대답할 것입니다.

함수

함수는 어떤 것을 하는 어떤 것입니다. 원을 그리거나 스크린을 채우거나 정보를 전달할 수도 있습니다.

모든 함수의 끝에는 괄호를 씁니다. 소괄호() 한 쌍 말이지요. 괄호 안에는 함수가 필요로 하는 정보를 넣을 때도 있지만, 그런 정보가 없어도 괄호는 항상 써 주는 게 좋습니다. 다른 사람들도 함수가 함수라는 걸 알아야 하니까요.

이 책에서 함수에 대해 이야기할 때는 괄호를 끝에 쓰겠습니다. 'move()' 함수처럼요. 이렇게 하는 이유는 함수에 대해서 이야기한다는 것을 알려 주기 위해서입니다. 대부분의 프로그래머들은 이렇게 하지 않습니다. 안 써도 서로 알아보니까요. 하지만 우리는 배우는 입장이니 쓰도록 할게요.

Ctrl C
Ctrl C

죽음의 레이저를 추가하고
인간 추적 시스템도
추가하지.

스크린을 색칠합니다.

```
screen.fill((255, 255, 255))
```

screen.fill() 함수는 스크린 색칠에 사용됩니다.

이 함수에는 인자가 1개 있습니다. 괄호 안에 들어 있는 숫자 3개, 즉 **(255, 255, 255)**가 하나의 인자지요. 각 숫자는 하나의 색깔을 나타냅니다. 어떻게 하는지는 옆쪽을 보세요.

screen.fill() 함수의 인자는 3개의 숫자로 이루어져 있습니다. 파이썬에게 이 인자는 세 조각으로 이루어진 하나의 인자라는 것을 알려 주려면, 숫자를 괄호 안에 묶어야 합니다. 그래서 괄호 2개를 쓴 것입니다. 하나는 함수 때문에 쓴 거고, 하나는 함수 안의 인자 때문에 쓴 거지요. 이렇게 숫자를 묶은 것을 튜플^{tuple}이라고 부릅니다. 튜플에 대해서는 98쪽에서 자세히 배울게요.

> **참고**
>
> 마찬가지로 pygame.display.set_mode((640, 480)) 안에 있는 (640, 480) 또한 튜플입니다.

색깔

파이썬에서는 항상 RGB 시스템으로 색을 표현합니다. 빨강Red, 초록Green, 파랑Blue을 섞어서 다양한 색을 나타내지요. 이렇게 색들을 섞을 때는 빛이 섞일 때의 규칙을 따르지, 물감이 섞일 때의 규칙을 따르지 않습니다. 빛을 섞을 때는 빛의 3원색, 물감을 섞을 때는 색의 3원색을 따릅니다.

각 색의 양은 0부터 255 사이에서 정해집니다. 따라서 (255, 0, 0)이라고 하면 빨강은 255, 녹색과 파랑은 0이라는 뜻입니다. (0, 0, 0)은 색이 하나도 없으므로 검정색입니다. (255, 255, 255)는 흰색이겠지요. (255, 140, 0)이라고 하면 다크오렌지색이 됩니다. 인터넷에서 찾아보면 어떤 색은 어떤 번호로 나타내는지 알려 주는 사이트가 많이 있습니다.

> **참고**
>
> 만약 (75,75,75)처럼 세 숫자가 모두 같으면 회색이 됩니다. 은색(192, 192, 192)도 회색의 일종입니다.

흑백 세상에서 살면
밤에는 옷을 갈아입어야 해.
안 그러면 보이지 않으니까.

그게 좋은 건지 나쁜 건지 모르겠네.

원 그리기

스크린 위에 원을 그렸습니다.

```
pygame.draw.circle(screen, (0, 255, 0), (100, 200), 20)
```

pygame.draw.circle() 함수는 4개의 인자를 갖습니다. 순서대로 4개의 인자를 주지 않으면 이 함수는 꿈쩍하지 않을 거예요.

자, 지금부터 차례로 살펴봅시다. 실제 함수는 circle()입니다. 이 함수는 draw라는 서브모듈 안에 있는데, draw는 pygame^{파이게임}이라는 모듈 안에 있지요. 아래는 각 인자 설명입니다.

screen, 그러니까 첫 번째 인자는 원이 그려지는 곳을 지정합니다. 스크린 위에 원이 그려지는 게 당연한 것처럼 보이지만, 'screen'이란 우리가 게임 화면에 붙인 이름일 뿐입니다. 원은 스크린 위에 있는 다른 객체 위에 있을 수도 있어요. 따라서 함수는 원을 어디에 그릴지 알아야만 합니다.

(0, 255, 0)은 이것은 원의 색을 나타냅니다. 이 경우에는 녹색입니다.

(100, 200)은 스크린 위에서의 원의 위치를 나타냅니다. 위치는 2개의 숫자로 이루어진 튜플 tuple로 주어집니다. 처음 숫자는 x좌표입니다. 이것은 스크린의 가장 왼쪽 끝에서부터 원의 중심까지 이르는 거리를 픽셀로 나타낸 것입니다. 두 번째 숫자는 y좌표입니다. 이것은 스크린의 가장 위에서부터 원의 중심까지의 거리입니다.

20은 원의 반지름입니다.

5번째 인자를 추가할 수도 있습니다. 5번째 인자로 테두리 두께를 추가하여, 색이 채워지지 않은 원을 그릴 수 있습니다. 이 인자를 쓰지 않으면, 파이게임은 그냥 원을 단색으로 채웁니다. 일단 넣어 보세요. 20 다음에 쉼표를 쓰고 5나 1을 써보세요.

원의 경우 (100, 200)은 위치 인자로 원의 중심의 위치를 나타낸다고 위에서 말했지요. 하지만 직사각형을 그릴 때는 위치 인자는 직사각형의 왼쪽 위 꼭짓점의 위치를 나타냅니다. 직사각형의 크기는 별도의 인자로 따로 추가하지 않고, 가로의 길이와 세로의 길이를 좌표 인자 끝에 추가하여 나타냅니다. 따라서 직사각형의 경우에는 세 번째 인자는 서로 다른 4개의 값을 갖습니다. 2개는 위치를 나타내고 2개는 크기를 나타냅니다. 한 번 확인해 볼까요? 아래 함수를 코드 안에 넣어 보세요.

```
pygame.draw.rect(screen, (0, 255, 0), (100, 100, 40, 30))
```

    직사각형을 그리려면 이 코드를 pygame.draw.circle() 밑에 쓰세요. 물론 들여쓰기도 같게 합니다. 세 번째 인자의 숫자도 바꿔 보세요. 원과 직사각형이 같은 위치에 나타나게 해 보세요. 두 코드의 위치를 바꿔서 직사각형 코드가 원 코드 앞에 오게도 해 보세요. 항상 프로그램을 실행시키기 전에는 저장해야 한다는 것도 잊지 말구요. (저장한 다음 실행시키려면 IDLE에서는 F5를 눌렀었지요.) 참! pygame.draw.rect() 함수 또한 테두리 두께를 추가 인자로 가질 수 있습니다. 맨 끝에 있는)의 앞에 5나 1을 쓰고 실행시켜 보세요.

```
pygame.display.update()
```

마침내 마지막 코드네요. 이 코드는 게임 루프를 도는 동안 스크린에 어떤 변화가 생겼는지 확인하여 화면에 보여 줍니다. 이 코드가 없으면, 뭘 해도 화면에 안 나타날 거예요.

물론이지.
일단 바퀴를 발명하고 나면
화성 탐사선이나
심리 상담 전화도
당연한 게 되지.

화면에 원을 그릴 줄 알면
거의 다 할 줄 아는 거 아냐?

앗, 방금 바다한테
크리켓을 하라고
코딩한 것 같아.

Python

2장

움직이기

안녕. 스크린 밀엔
뭐가 있니?　나 좀 꺼내줘.
　　　　　살려줘.

아래 음영 표시된 부분을 프로그램에 써넣고 실행한 뒤 어떤 일이 일어나는지 보세요.

```python
import pygame, sys
from pygame.locals import *
pygame.init()
screen = pygame.display.set_mode((640,480))
xpos = 50
while 1:
    for event in pygame.event.get():
        if event.type == QUIT:
            sys.exit()
    xpos += 1
    screen.fill((255,255,255))
    pygame.draw.circle(screen,(0,255,0),(~~100~~ xpos,200),20)
    pygame.display.update()
```

실행

왜 색칠 함수 screen.fill()이 게임 루프 안에 있는지 궁금하다고요? 스크린은 1번만 색칠해도 되는데, 왜 굳이 루프 안에 써서 또 색칠하냐고요? screen.fill()을 루프 밖 while 1: 코드 위에 써 보세요. 들여쓰기는 하지 말고요. 어떤 일이 일어나나요?

참고

위 프로그램에서 게임 루프, 즉 while 루프는 while 1:로 시작해서 pygame.display.update()로 끝납니다.

우리 부모님은 이름 붙이는 걸 별로 안 좋아하셨어.
이름을 붙이는 건 그걸 정의하는 거고
그럼 자유가 제한된다고 생각하셨지.

그럼 부모님이 널 뭐라고 부르셨는데?

상황에 따라 적절하다고
생각한 단어를 쓰셨지
이름 없는 아이치고는.
꽤 이름이 많았어.

변수

```
pygame.draw.circle(screen,(0,255,0),(340,280),20)
```

위 코드에서 원이 스크린 어디에 놓일지는 3번째 인자인 (340,280)이 결정합니다. 원을 움직이고 싶다면, 위 숫자들을 바꿔야 합니다. 하지만 340은 340이고, 바뀌지 않지요. 그러니 바꿀 수 있는 숫자, 바로 변수가 필요합니다. 변수를 만들려면 이름을 붙이고 값을 정하면 됩니다. 예를 들어 다음과 같습니다.

생명 = 4

이렇게 쓰면 "생명"이라는 변수를 만들고 값을 4로 정한 것입니다. 중요한 것은 4가 바뀔 수 있는 값이라는 거예요. 만약 죽으면 4에서 1을 빼라는 코드를 쓸 수도 있지요. 그러면 3이 되지요.

원을 움직이기 위해 xpos라는 이름의 변수를 만들고 그 값을 정했습니다. 이제 이 값을 바꿔 원을 움직여 봅시다.

> **참고**
>
> 우리가 이미 변수를 몇 개나 만들었습니다. 스크린도 같은 방법으로 만들었지요. screen = 이런 식으로요. 변수는 그냥 바뀔 수 있는 데이터 저장 장소일 뿐이랍니다.

xpos라는 이름의 변수를 만들고 값을 정했습니다. x의 위치^{x-position}의 줄임말이지요. 이 값을 바꾸면 원을 움직일 수 있습니다.

```
xpos = 50
```

변수는 원하는 대로 이름 붙여도 되지만, 가급적 역할과 관련된 이름을 붙이는 것이 좋습니다. 그래야 혹시라도 오류가 발생할 때 발견하기가 쉬우니까요. 여러분의 코드를 다른 사람들이 이해하기도 쉽고요. 위 코드는 프로그램의 첫 번째 섹션, 게임 루프 위에 씁니다. 변수는 1번만 만들면 되므로 루프 안에 있을 필요가 없습니다.

```
pygame.draw.circle(screen,(0,255,0),(xpos,200),20)
```

이제 draw.circle() 함수에게 주어지는 x좌표는 xpos입니다. 파이썬은 우리가 xpos에게 50이라는 값을 주었다는 사실을 이미 알고 있기 때문에 원의 x좌표를 xpos, 즉 50으로 정했습니다.

```
xpos += 1
```

> **참고**
>
> += 1은 어떤 값에 1을 더하라는 뜻입니다. += 5는 5를 더하라는 뜻이고, -= 2는 2를 빼라는 뜻이지요. *= 3은 3을 곱하라는 뜻이고, /= 6은 6으로 나누라는 뜻입니다.
> xpos += 1은 게임 루프 안에 있습니다. 루프를 돌 때마다 xpos의 값에 1을 더하라는 뜻입니다. 그러면 어떻게 될까요? 원의 x좌표가 1씩 커지겠지요.

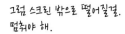

달려! 예쁘고 멋진 원아! 바람처럼 달려!

그럼 스크린 밖으로 떨어질걸. 멈춰야 해.

원의 움직임을 제어하기 위해서 xpos += 1을 지우고 아래 음영으로 추가된 코드를 넣겠습니다. 프로그램 실행 후 오른쪽 또는 왼쪽 화살표 키를 눌러 보세요.

```python
import pygame, sys
from pygame.locals import *
pygame.init()
screen = pygame.display.set_mode((640,480))
xpos = 50
while 1:
    for event in pygame.event.get():
        if event.type == QUIT:
            sys.exit()
    xpos += 1
    pressed_keys = pygame.key.get_pressed()
    if pressed_keys[K_RIGHT]:
        xpos += 1
    if pressed_keys[K_LEFT]:
        xpos -= 1
    screen.fill((255,255,255))
    pygame.draw.circle(screen,(0,255,0),(xpos,200),20)
    pygame.display.update()
```

실행

하지만 난 내 피조물들이 거칠고 자유롭길 원해.

넌 자율주행자동차를 만들면 안되겠다.

들여쓰기

파이썬에서 들여쓰기는 아주 중요합니다. 들여쓰기는 코드 뭉치를 구별하는 방법 중 하나니까요. 어떤 코드가 들여쓰기 돼 있으면 바로 위 코드와 한 뭉치라는 뜻입니다. 다시 한 번 말하지만, 코드를 들여쓰기 하려면 Space 를 4번 누르면 됩니다. Tab 을 사용해서 들여쓰기를 할 수도 있지요. 다음은 들여쓰기를 사용한 의사 코드의 예시입니다.

만약 오른쪽 화살표 키를 눌렀다면
　　　우주선을 오른쪽으로 움직여라　　　｝ 묶음 1
만약 스페이스 바를 눌렀다면
　　　쉴드를 내리고
　　　미사일을 발사해라　　　｝ 묶음 2

오직 1번째 줄이 참일 때만 2번째 줄이 실행됩니다. 마찬가지로, 3번째 줄이 참일 때만 4번째, 5번째 줄이 실행됩니다. 만약 1번째 줄이 참이 아니라면, 즉 오른쪽 화살표 키를 누르지 않았다면, 프로그램은 그 밑에 있는 모든 들여쓰기 줄을 무시하고 그다음 줄 즉, 3번째 줄로 이동합니다.

> **참고**
> 47쪽의 빠른 끝내기에서 본 것처럼, 코드 뭉치 안에 뭉치를 만들 수 있습니다. 그 코드에서는 1번째 줄이 참일 때 2번째 줄을 읽었고, 2번째 줄이 참일 때 3번째 줄을 읽었었지요.

> **참고**
> 어떤 줄을 들여쓰기 하려면, 그 줄의 바로 윗줄 끝에는 반드시 콜론(:)이 있어야 합니다.

```
pressed_keys = pygame.key.get_pressed()
```

pygame.key.get_pressed()는 키보드의 모든 키와 키 눌림 여부를 리스트로 만듭니다. 이 리스트를 눌린 키들 리스트pressed_keys라고 부릅니다. 눌린 키들 리스트 역시 변수입니다. (리스트는 변수의 일종이랍니다. 뒤에서 자세히 설명할게요.) 리스트 이름은 마음대로 붙여도 되지만, 보통 지금 사용한 이름이나 이와 비슷한 이름을 사용합니다. 어떤 프로그래머들은 keys라는 이름을 쓰기도 합니다.

```
if pressed_keys[K_RIGHT]:
    xpos += 1
```

> 참고
>
> 리스트에서는 일반적으로 대괄호를 씁니다.

위 코드의 1번째 줄에서는 오른쪽 화살표 키("K_RIGHT")의 눌림 여부를 확인합니다. 눌렀으면 2번째 줄이 실행됩니다. xpos에 1을 더하는 것이지요. xpos는 원의 중심의 x좌표이므로 1을 더하면 원이 그려지는 위치가 오른쪽으로 이동합니다. 그럼 오른쪽으로 원이 굴러가는 것처럼 보일 거예요.

```
if pressed_keys[K_LEFT]:
    xpos -= 1
```

오른쪽 화살표를 누를 때와 같은 방식으로 작동합니다. 위 코드의 1번째 줄에서는 왼쪽 화살표("K_LEFT")의 눌림 여부를 확인합니다. 눌렀으면 2번째 줄이 실행됩니다. xpos에서 1을 빼는 것이지요. xpos에서 1을 빼면 원이 그려지는 위치가 왼쪽으로 이동합니다. 왼쪽으로 원이 굴러가는 것처럼 보이겠지요.

시계와 제목을 추가합니다. 둘 다 필수는 아니지만, 적어도 시계는 추가하는 습관을 들이는 것이 좋습니다.

```python
import pygame, sys
from pygame.locals import *
pygame.init()
pygame.display.set_caption("First Program")
screen = pygame.display.set_mode((640,480))
xpos = 50
clock = pygame.time.Clock()
while 1:
    clock.tick(60)
    for event in pygame.event.get():
        if event.type == QUIT:
            sys.exit()
    pressed_keys = pygame.key.get_pressed()
    if pressed_keys[K_RIGHT]:
        xpos += 1
    if pressed_keys[K_LEFT]:
        xpos -= 1
    screen.fill((255,255,255))
    pygame.draw.circle(screen,(0,255,0),(xpos,200),20)
    pygame.display.update()= pygame
```

실행

지금 여기 이름이
첫 번째 프로그램이라는 거야?

어휴.

난 좋아.
간결하고 의미 있잖아.

아래 코드를 사용하여 게임 윈도우에 제목을 넣었습니다.

```
pygame.display.set_caption("First Program")
```

제목은 반드시 따옴표 안에 써야 합니다. 프로그램을 실행시키고 게임 윈도우 윗부분을 확인해 보세요.

```
clock = pygame.time.Clock()
while 1:
    clock.tick(60)
```

게임 루프는 1초에도 여러 번, 가능한 한 최고 속도로 돕니다. 그런데 루프 안에 코드를 쓰면 아주 약간이지만, 그 코드를 실행시키는 시간만큼 프로그램이 느려집니다. 스크린의 속도가 바뀌는 셈이지요. 따라서 모든 루프가 같은 속도로 돌기 위해서는 시계 함수를 써야 합니다. 1번 루프를 도는 데 걸리는 시간을 일정하게 고정시키는 것입니다. clock.tick() 함수에 있는 "60"은 while 루프가 도는 시간을 1/60초로 고정시킵니다. 10이라고 쓰면 1/10초로 고정됩니다. 우리가 지금 만드는 프로그램에는 60이 적당합니다.

코드를 추가하니 원이 아까보다 느리게 움직이지요? 이유가 뭘까요? 이전에는 게임 루프가 1/60초보다 훨씬 빠르게 돌았거든요. 루프마다 원이 움직이는 정도를 증가시켜 더 빠르게 움직이도록 할 수도 있습니다. xpos += 5로도 바꿔 보세요.

갑자기 시간이 느려진 거야?

어떻게 알아?

스톱워치로 재면 되지.

아니 잠깐만. 안되겠구나.

원을 위아래로 움직이려면 어떻게 할까요? "ypos"라는 이름의 변수를 추가합니다. (변수 이름은 마음대로 정해도 됩니다.) 위쪽, 아래쪽 화살표 키는 각각 "K_UP"과 "K_DOWN"입니다.

ypos에 5를 더하면 원이 아래로 내려갑니다. y축에서는 아래 방향이 양수기 때문입니다. 만약 다른 키를 써 보고 싶으면, "K_a" 형식으로 쓰면 됩니다. Z 키는 "K_z"가 되겠지요.

우리의 첫 번째 프로그램, 움직이는 원 그리기가 끝났습니다.

너 방향을 잃은 것 같아.

방향 없는 삶은 놀람의 연속이지.

3장

빗방울 공장

오늘 아침 날씨 어때?

비를 만들자.

띳띳해.

그건 좀 이상하지만,
그러자.

앞에서 움직이는 원을 만들었습니다. 비도 비슷한 방법으로 만듭니다. 짧은 직선으로 빗방울을 표현해 봅시다. IDLE에서 File > New File을 눌러서 창을 연 다음, 아래 코드를 입력하고 rain이 라는 이름으로 저장합니다. 저장 위치는 앞에서 만든 폴더(pythonfiles라고 이름 붙였을) 안입니다. 저장 후 Run > Run Module을 누르든지, F5 를 눌러 실행시키세요.

새 파일

rain.py

```
1   import pygame, sys
2   from pygame.locals import *
3   pygame.init()
4   pygame.display.set_caption("rain")
5   screen = pygame.display.set_mode((1000,600))
6   clock = pygame.time.Clock()
7   rain_y = 0
8   rain_x = 400
9
10  while 1:
11      clock.tick(60)
12      for event in pygame.event.get():
13          if event.type == pygame.QUIT:
14              sys.exit()
15      screen.fill((255,255,255))
16      rain_y += 4
17      pygame.draw.line(screen,(0,0,0),(rain_x,rain_y),(rain_x,rain_y+5),1)
18
19      pygame.display.update()
```

실행

비 온다!

실망스럽군.

```
rain_y += 4
```

비는 아래로 떨어지므로, 변수를 이용해 y좌표를 바꿔야 합니다. 변수 이름을 rain_y라고 정했습니다. rain_y는 매 게임 루프마다 4씩 증가합니다.

```
pygame.draw.line(screen,(0,0,0),(rain_x,rain_y),(rain_x,rain_y+5),1)
```

직선을 그리는 함수입니다. 이 함수는 우리가 이미 배운 원 그리기 또는 직사각형 그리기 함수와 비슷합니다. 인자는 5개입니다.

screen은 직선을 그리는 장소를 가리킵니다. 바로 스크린이지요.

(0,0,0)은 RGB로 표시한 직선의 색입니다. 다른 색으로 바꿔도 됩니다.

(rain_x, rain_y)는 직선이 시작되는 점의 좌표입니다.

(rain_x, rain_y+5)는 직선이 끝나는 점의 좌표입니다. 빗방울이 떨어지는 동안 rain_y의 값은 바뀌지만, rain_x의 값은 변하지 않습니다. 따라서 직선이 끝나는 점의 x좌표는 rain_x 그대로지만, y좌표에는 rain_y에 5픽셀만큼 더해야 합니다. 이렇게 하면 세로 길이가 5픽셀인 직선이 그려집니다.

1은 직선의 두께입니다. 지금은 1로 했지만 넓힐 수도 있습니다.

내 폰 번호를 잊어버렸어.
네 번호 알려 줄래?

뭐야 그게?

내 작업 멘트.

웃긴다.
대화를 시작하기엔 좋지만,
번호를 줄 만큼은 아냐.

rain_x의 값은 바뀌지 않습니다. 빗방울의 x좌표는 항상 같다는 말입니다. 따라서 빗방울은 항상 같은 곳에서 떨어지지요. 그럴 거면 rain_x라는 변수를 만들지 말고, 숫자 400이라고 써도 괜찮았을 것입니다. 빗방울이 여기저기에 떨어지도록 하려면 여덟 번째 줄의 rain_x = 400을 아래처럼 고쳐야 합니다.

```
rain_x = 4̶0̶0̶ random.randint(0,1000)
```

randint() 함수는 괄호 안의 두 수 사이 임의의 수 하나를 불러옵니다. 양쪽 끝 숫자들도 포함하므로, 0이나 1000도 선택될 수 있습니다. randint()는 파이썬의 random 모듈 안에 저장돼 있습니다. (모듈은 함수 모음이라고 생각하면 됩니다.) 하지만 우리가 아직 파이썬의 랜덤random 모듈을 가져오지 않았기 때문에, 이 코드는 작동하지 않습니다. 프로그램의 가장 첫 줄에서 모듈을 가져올 때 random 모듈도 가져오도록 고칩니다.

```
import pygame, sys, random
```
실행

빗방울이 떨어지는 위치가 바뀌었어.

여전히 실망스럽군.

빗방울을 많이 만들려면 어떻게 해야 할까요? rain_x1, rain_x2, rain_x3, ……처럼 계속 변수를 추가해서 빗방울을 많이 만들 수도 있습니다. 이렇게 많은 변수를 쓰면 pygame.draw.line() 함수도 그만큼 많이 써야겠지요. 이렇게 해도 되지만 시간이 많이 걸리고 매우 지루합니다. 우리는 이런 식으로 하지 않을 거예요. 대신 공장을 세울 것입니다. 프로그래밍에서는 클래스class라고 부릅니다.

클래스를 사용하면 복제본을 많이 만들 수 있습니다. 각 복제본은 클래스의 인스턴스instance라고 불립니다. 빗방울 공장이라는 클래스에서 만들어지는 빗방울 하나하나가 각각 인스턴스입니다. 그러니 하나의 클래스에서 여러 인스턴스를 만들 수 있지요. 각각의 인스턴스인 빗방울들은 서로 다릅니다. 각각 다른 곳에서 떨어지게 할 수 있지요.

클래스라는 개념을 배웠으니, 클래스가 있는 파이썬 프로그램의 기본 구조에 대해 알아봅시다.

셋업(Set up)	모듈을 불러오고, pygame을 초기화시키고, 변수를 만듭니다.
클래스(Classes)	다양한 객체들을 제어합니다.
리스트(Lists)	모든 객체들의 움직임을 기록하는 곳입니다.
게임 루프(Game loop)	실제로 게임이 실행되는 곳입니다.

셋업 부분은 프로그램에 필요한 것들을 불러오고, 준비하는 곳입니다. 모듈을 불러오거나import, 변수의 초기값을 정하거나, 이미지나 사운드 파일이 어디에 있는지 적어두는 곳이지요. 들여쓰기는 하지 않습니다.

클래스는 다양한 객체를 정의하고, 그 객체가 사용하는 함수를 정의하는 곳입니다. 여러 클래스를 만들 때, 보통 순서는 상관없습니다. 빗방울 클래스를 먼저 쓰든, 구름 클래스를 먼저 쓰든 상관없다는 말입니다. (물론 예외도 있지만, 그럴 때는 따로 이야기해 줄게요.)

클래스 안의 함수는 모두 한 번씩 들여쓰지요. 함수 역시 어느 걸 먼저 쓰는지는 크게 중요하지 않습니다. (역시 또 예외는 있지만, 이것도 그때마다 따로 이야기해 줄게요.)

리스트 부분은 클래스의 인스턴스를 만드는 곳입니다. 들여쓰기는 하지 않습니다.

게임 루프는 while 1:로 시작합니다. 앞에서 만든 함수들을 불러오고 실행시키는 곳이므로 들여쓰기에 특히 주의해야 합니다.

코드를 쓸 때 한 줄을 빈 줄로 띄워도 되고, 띄우지 않아도 됩니다. 파이썬은 줄 띄우기에는 민감하지 않습니다. 여러분 보기 좋은 대로 하세요.

옆쪽 음영 표시된 코드를 추가하고, 취소선 표시된 곳은 삭제하여 빗방울 클래스를 만듭시다.

```
import pygame, sys, random                               셋업
from pygame.locals import *
pygame.init()
pygame.display.set_caption("rain")
screen = pygame.display.set_mode((1000,600))
clock = pygame.time.Clock()
rain_y = 0
rain_x = random.randint(0,800)
raindrop_spawn_time=0


class Raindrop:                                          클래스
    def __init__(self):
        self.x = random.randint(0,1000)
        self.y = -5

    def move(self):
        self.y += 7

    def draw(self):
        pygame.draw.line(screen,(0,0,0),(self.x,self.y),(self.x,self.y+5),1)


raindrops = []                                           리스트


while 1:                                                 게임 루프
    clock.tick(60)
    for event in pygame.event.get():
        if event.type == QUIT:
            sys.exit()

    raindrops.append(Raindrop())
    screen.fill((255,255,255))
    rain_y += 4
    pygame.draw.line(screen,(0,0,0),(rain_x,rain_y),(rain_x,rain_y+5),1)
    for raindrop in raindrops:
        raindrop.move()
        raindrop.draw()

    pygame.display.update()
```

실행

```
class Raindrop:
    def __init__(self):
        self.x = random.randint(0,1000)
        self.y = -5

    def move(self):
        self.y += 7

    def draw(self):
        pygame.draw.line(screen,(0,0,0),(self.x,self.y),(self.x,self.y+5),1)
```

클래스는 하나의 코드 뭉치이므로 1번째 줄 아래의 모든 줄을 들여쓰기 해야 합니다.

클래스를 만들려면 먼저 "class"라고 쓰고, 이어 클래스의 이름을 쓴 다음 콜론(:)을 씁니다. 클래스 이름은 일반적으로 대문자로 시작합니다. 인스턴스를 쓸 때는 소문자로 시작합니다. 빗방울 raindrop 1개는 빗방울 클래스class Raindrop의 인스턴스입니다.

__init__는 밑줄을 2칸 쓰고, init라고 쓰고, 다시 밑줄을 2칸 쓴 것입니다.

이 클래스는 결국 빗방울과 관련된 모든 것을 제어하는 함수의 목록일 뿐입니다. 다음 몇 쪽 동안 함수를 사용하는 방법과 self라는 단어의 뜻을 알아보겠습니다.

빗방울이 클래스가 있다는 건
우리도 클래스가 있다는 거야?

만약 우리한테도 클래스가 있다면,
누가 정한 걸까?

함수 불러오기

파이썬과 파이게임에는 바로 사용할 수 있는 함수가 미리 많이 만들어져 있어서, 누구나 불러와서 쓸 수 있습니다. 함수를 만들고 모듈로 불러오는 방법을 알아봅시다.

IDLE의 코드 편집창에서 File > New File을 눌러 새 파일을 만들고 아래 두 줄을 입력합니다.

📄 test.py

```
def add(a, b):
    return a+b
```

def를 이용하여 함수를 하나 만들었습니다. def는 '정의하다define'의 줄임말입니다. 함수의 이름은 add 입니다. 이 함수가 필요로 하는 인자는 a와 b입니다. 얼마나 많은 인자가 필요한지, 그리고 인자를 뭐라고 쓸지는 만드는 사람이 결정합니다. 이 함수는 부르면 a+b의 값을 알려주는 함수입니다.

만든 파일에 이름을 붙이세요. 공백은 사용할 수 없으니 문자, 숫자, 밑줄만 사용하세요. 파일 이름은 test로 저장하세요. 평소하던 대로 (F5)를 눌러 실행시킨 다음, add(6, 9)를 입력하고 (Enter)를 누르면 다음과 같이 답을 돌려줍니다.

📄 Python 3.6.5 Shell

```
Python 3.6.6 (v3.6.6:4cf1f54eb7, Jun 27 2018, 03:37:03) [MSC v.1900 64 bit (AMD64)]
on win32
Type "copyright", "credits" or "license()" for more information.
>>>
============= RESTART: C:\Users\username\바탕 화면\pythonfiles\test.py =============
>>> add(6, 9)
15
>>>
```

커맨드 라인에서 함수를 불러오려면 경로를 찾아가 python이라고 입력하세요. >>>가 나타나면 import test를 입력하세요.

```
명령 프롬프트

C:₩Users₩username₩desktop₩pythonfiles>python
>>> import test
```

파일 이름 끝에는 .py를 붙이지 마세요. 함수를 실행시키려면 다음을 입력하세요.

```
명령 프롬프트

>>> test.add(6, 9)
15
>>>
```

Enter 를 누르면 대답이 나옵니다. 방금 만든 것은 2개의 인자를 더하는 함수입니다.
test.py라는 파이썬 파일에 들어 있는 add()라는 함수가 6+9를 계산해서 15라는 답을 알려준 것입니다.

방금 만든 함수는 2개의 인자가 필요했으므로 6, 9라는 2개의 인자를 입력했습니다. 만약 3개의 인자를 입력하면 작동하지 않을 것입니다. 함수가 3개의 인자를 가지도록 하고 싶다면 함수를 수정해야 합니다. IDLE의 코드 편집창에서 함수를 수정하고, 수정 사항을 저장하고 커맨드 라인에서 파이썬을 다시 불러오세요. 파이썬을 다시 불러오려면 3개의 작은 화살표 뒤에 quit()를 입력한 뒤 Enter 를 누르고 파이썬을 다시 평소대로 불러오면 됩니다.

이 근처에서 자판기 봤어?

방해하지 마.
나 지금 이거 해야 해.

__init__() 함수

```
def __init__(self):
```

빗방울 클래스의 첫 번째 함수는 __init__()입니다. 다른 함수 이름은 마음대로 붙여도 되지만, 첫 번째 함수는 반드시 __init__()라고 불러야 합니다. init는 시작하다[initiate]의 줄임말입니다. 지금 하려는 일은 __init__() 함수를 정의하는 것입니다. 새로운 빗방울을 만들면 파이썬은 빗방울 클래스의 __init__() 함수를 찾아 이 함수가 시키는 대로 할 것입니다.

self

파이썬은 새로운 빗방울이 만들어질 때마다 이름을 붙입니다. 파이썬만 사용하는 이름이지요. 우리는 어떤 이름이 사용되는지 알 수 없지만, 어쨌든 첫 번째로 만들어진 빗방울의 이름이 1번빗방울이라고 가정해 봅시다. 파이썬은 1번빗방울이 빗방울 클래스에 속한다는 사실을 알기 때문에 빗방울 클래스를 가져옵니다. 그리고 "self"라는 단어를 보면 그걸 1번빗방울이라는 이름으로 바꾸고, 거기에 대해 작업합니다. 1번빗방울은 빗방울 클래스로부터 나온 거니까 빗방울 클래스 안의 속성들을 1번빗방울에게 적용하는 거지요.

두 번째 빗방울이 만들어지면 2번빗방울이라고 이름을 붙입니다. 파이썬이 1번빗방울에 대해 할 일을 모두 마치면, 모든 self를 2번빗방울로 바꾸고 2번빗방울에 대해서 작업합니다. 이런 방식으로 파이썬은 하나의 빗방울 클래스를 다른 모든 빗방울에 대해 계속 불러와서 작업합니다. 요컨대, 각각 다른 모든 인스턴스에 대해 계속 같은 빗방울 클래스를 적용하는 거지요.

통제불가능한 욕망, 게으름, 그리고 여드름
에 대한 함수를 만들자.

그래. 그리고 얘네들 IQ는 100으로 정하자.

웃읽기 시작하는 데만도
수천년은 걸릴걸.

그만 해.
너무 심한 거 아냐?

좋아. 그리고 얘네들한테는
다른 우주들이 다 갖고 있는
텔레파시나 광속 여행 같은 건 주지 말자.

100? 그럼 얘네들은
암흑물질이 뭔지 알아내는 데만도
수천년이 걸릴 텐데?

너 진짜 못됐다.
얘네들한테 다리 두 개만 주는 건 어때?

__init__() 함수의 나머지 부분을 살펴봅시다.

```
def __init__(self):
    self.x = random.randint(0,1000)
    self.y = -5
```

새로운 빗방울을 만들면 파이썬은 이 빗방울에게 이름을 붙입니다. 4번빗방울이라고 해 봅시다. __init__() 함수는 self를 4번빗방울로 바꾸고 x좌표와 y좌표를 줍니다. 4번빗방울.x는 0부터 1000 사이의 임의의 수가 됩니다. 4번빗방울.y는 -5가 되겠지요. -5라고 한 이유는 스크린의 가장 위쪽 끝보다 조금 위에 있어야 하기 때문입니다. 한마디로, 스크린 밖에서 대기하고 있는 셈이죠. 새로운 빗방울이 만들어질 때마다 이 과정이 반복됩니다. 5번빗방울도 x와 y좌표를 갖게 될 거고, 그다음 빗방울들도 마찬가지입니다.

self.x와 self.y는 방금 만든 변수입니다. 앞에서는 프로그램의 첫 번째 섹션에서 xpos나 ypos 같은 변수를 만들었지만, 이제는 클래스 안에서 만듭니다. 클래스에서 사용하는 변수는 클래스 안에서 만드는 것이 일반적입니다.

빗방울 클래스 안에 들어가는 move(), draw() 함수 둘 다 def를 사용하여 만들었습니다.

```
def move(self):
    self.y += 7
```

move() 함수는 빗방울이 어떻게 움직여야 하는지 정합니다. 게임 루프에서 move() 함수를 부르면 무슨 일이 벌어질까요? self.y는 빗방울의 y좌표입니다. 모든 빗방울의 y좌표가 아니라 딱 하나, 특정한 빗방울의 y좌표지요. move() 함수는 이 특정 빗방울의 y좌표를 7만큼 더합니다. 아래 방향이 양수 방향이므로 빗방울은 아래로 떨어집니다.

```
def draw(self):
    pygame.draw.line(screen,(0,0,0),(self.x,self.y),(self.x,self.y+5),1)
```

draw() 함수입니다. 이 함수는 파이게임의 draw.line() 함수를 사용합니다. 앞에서 직선을 그릴 때 사용했던 함수입니다. 여기서는 self.x와 self.y를 사용해 직선의 시작점과 끝점의 좌표를 정합니다. 이전에는 draw.line() 함수를 사용해 직선 1개만 그렸지만, 이제 다른 직선 여러 개를 그릴 수 있게 됐습니다. 1번빗방울, 2번빗방울, 3번빗방울, ……에 대해 계속 self를 사용하여 직선을 그리니까요. 같은 코드를 여러 번 사용하는 것이지요. 이것이 클래스의 장점입니다.

나 피자 찾았어.
페퍼로니 피자야.
카페인 음료도.

이건 나중에 하지 뭐.

리스트

아래 코드는 클래스 아래, 게임 루프 위에 있습니다.

```
raindrops = []
```

1번빗방울, 2번빗방울, …… 이것들이 어디 있는지 알 필요가 있습니다. 빗방울들은 땅에 떨어지면 사라져야 하니까요. 그러기 위해 클래스의 모든 인스턴스를 넣을 리스트^list를 만들 거예요. 이리스트의 이름은 빗방울들^raindrops이라고 정합니다.

리스트의 이름은 일반적으로 클래스 이름에서 맨 앞의 문자를 소문자로 바꾼 뒤, 복수형으로 붙입니다. 리스트의 내용은 대괄호 사이에 들어 있는 것 전체입니다. 지금은 아무것도 없지요. 리스트 안에 뭔가를 직접 추가하는 방법은 11장에서 배우겠습니다. 지금은 그냥 파이썬한테 1번빗방울, 2번빗방울, ……로 리스트를 채우라고 할 겁니다. 우리가 이런 항목들을 직접 볼 수는 없지만, 파이썬은 기록해 둘 것입니다.

리스트는 꽤 직관적이면서도 매우 유용합니다. 리스트에 객체를 넣는 방법은 다음 쪽에서 알아보겠습니다. 리스트의 항목 번호는 항상 0에서 시작합니다. 우리의 첫 번째 빗방울은 파이썬한테는 0번째 빗방울이었을 거예요. 리스트에 4개의 항목이 들어 있으면, 항목 번호는 0, 1, 2, 3입니다.

> **참고**
> 예를 들어 [a, b, c]라는 리스트에서 a는 0번째 항목, b는 1번째 항목, c는 2번째 항목입니다.

여자애 어디 갔니?

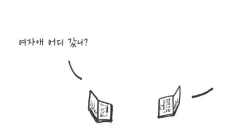

몰라.
난 8 core 4.7 GHz 프로세서를 갖고 있어.
프랑스 전체가 10년 전에 갖고 있던 것보다
많은 램도 갖고 있지. 난 그녀가 미소 지을 동안
그녀의 고등학교 수학 숙제를 다 해 줄 수도 있어.
하지만 그녀는 위에 치즈가 좀 올라간
구운 밀가루 덩어리 한 조각을
먹으러 가버렸지.

```
raindrops.append(Raindrop())
```

이 코드는 빗방울 클래스의 인스턴스를 빗방울들 리스트에 추가했습니다. 'append'는 추가하라는 뜻이지요. 이 코드를 게임 루프에 써서, 1번의 게임 루프마다 1개의 빗방울이 리스트에 추가되도록 했습니다. 루프 1번에 2개의 빗방울을 넣어서 비가 2배로 더 오게 하고 싶다면 아래와 같이 코드를 2번 쓰면 됩니다.

```
raindrops.append(Raindrop())
raindrops.append(Raindrop())
```

5번 넣으면 5배로 오겠지요.

```
raindrops.append(Raindrop())
raindrops.append(Raindrop())
raindrops.append(Raindrop())
raindrops.append(Raindrop())
raindrops.append(Raindrop())
```

다른 방법도 있습니다. 현재 우리가 만든 우주의 속도는 시계 함수로 제한된 상태입니다. 우리는 60으로 맞췄지요. 이 말인즉, 1초에 60번 루프가 돈다는 뜻입니다. 이 코드를 지우면 프로그램이 보다 빨라질 테고, 그러면 비를 더 많이 오게 할 수도 있습니다. 맨 앞에 # 표시를 붙여서 시계 함수 코드가 실행되지 않게 할 수도 있고요.

```
# clock.tick(60)
```

IDLE에서는 빨간색으로 표시될 거예요. 다른 텍스트 편집기에서는 다른 색으로 표시되겠지요. 어쨌든 이렇게 해 두면 파이썬은 그 코드를 무시합니다. 코드 자체를 지우는 것보다 이렇게 실행을 멈춰 두는 것이 좋을 때가 있습니다. 실험할 때나 버그를 고칠 때 말입니다. 나중에 # 표시를 지우면 그 코드가 다시 실행됩니다. 하지만 시계를 멈추는 것보다 루프마다 빗방울을 추가하는 쪽을 추천합니다.

모든 빗방울에 대해 함수 실행

빗방울들 리스트의 개별 빗방울에 대해 빗방울 클래스의 move() 함수, draw() 함수를 적용했습니다.

```
for raindrop in raindrops:
    raindrop.move()
    raindrop.draw()
```

이 코드는 게임 루프 안 screen.fill() 밑에 썼습니다. 스크린을 색칠하고 그 위에 빗방울을 그려야 하니까요.

for 루프가 빗방울ᵃⁱⁿᵈʳᵒᵖ이라는 변수를 만들면 이 빗방울 변수는 빗방울들 리스트의 첫 번째 항목과 같아집니다. 즉, 0번빗방울이 됩니다. 이 0번빗방울에 대해 move() 함수와 draw() 함수가 실행됩니다. 그 후 루프는 시작점으로 돌아갑니다. 루프는 리스트의 다음 항목인 1번빗방울을 가지고 와 빗방울 변수를 그것과 같게 만들고, 함수를 실행합니다. 0번빗방울에 했던 일을 1번빗방울에 대해 반복하는 거지요. 루프는 리스트에 있는 모든 항목, 즉 모든 빗방울에 대해 두 함수를 전부 실행할 때까지 반복됩니다. 그러면 우리는 수많은 빗방울을 갖게 되지요.

> **참고**
> for 루프는 리스트 안의 각 항목에 대해 함수를 실행시키는 데 주로 사용됩니다. 빗방울들 리스트 안에는 앞에서 raindrops.append() 함수로 만든 빗방울들이 들어 있습니다. 이 빗방울 하나하나에 대해 move(), draw() 함수를 반복 실행시키는 것이 for 루프입니다.

for 루프

for 루프는 메인 게임 루프 안에서 실행되는 작은 프로그램 루프입니다. 항상 'for 어떤 것 in 어떤 것'이라는 구조를 갖습니다. 보통 여러 항목을 가진 리스트 안 각 항목에 대해 몇 줄의 코드를 반복 실행시키는 데 사용됩니다. 예를 들어 봅시다.

```
for i in range(5, 10):
    print (i * 10)
```

위 코드를 IDLE의 쉘에서 >>> 뒤에 입력하고 Enter 를 2번 누르세요.

```
📄 Python 3.6.5 Shell

Python 3.6.5 (v3.6.5:f59c0932b4, Mar 28 2018, 17:00:18 [MSC v.1900 64 bit (AMD64)]
on win32 Type "copyright". "credits" or "license()" for more information.
>>> for i in range(5, 10):
        print(i * 10)

50
60
70
80
90
>>>
```

range() 함수는 5부터 9까지의 정수 리스트를 만듭니다. for 루프는 그 리스트 안 각각의 정수에 대해 2번째 줄을 실행합니다. 따라서 50부터 90까지 5개의 숫자가 표시됩니다.

지금까지 우리는 빗방울raindrop이라는 단어를 세 가지로 사용했습니다.

1 │ 대문자로 시작하는 빗방울Raindrop은 클래스의 이름입니다.

2 │ 소문자로 시작하고, 복수형인 빗방울들raindrops은 리스트의 이름입니다.

3 │ 소문자로 시작하고, 단수형인 빗방울raindrop은 for 루프에 있습니다.

마지막 빗방울은 갑자기 어디서 튀어나온 것처럼 보입니다. 사실 그렇습니다. 이 빗방울은 for 루프 안에서만 사용되는 변수입니다. 아무 이름이나 붙여도 괜찮습니다. 만약 for 루프를 다음과 같이 썼다고 해 봅시다.

```
for pepperoni in raindrops:
    pepperoni.move()
    pepperoni.draw()
```

여기서 for 루프는 페퍼로니pepperoni라는 변수를 만들고, 이를 '빗방울 리스트raindrops'의 첫 번째 항목과 같게 합니다. for 루프는 빗방울 리스트의 첫 번째 항목을 빗방울 클래스에서 가져왔다는 것을 알고 있지요. 따라서 페퍼로니에 대해 빗방울 클래스에 있는 2개의 함수를 실행합니다. 그 다음 빗방울 리스트의 두 번째 항목에 대해 같은 일을 반복합니다. 페퍼로니는 for 루프 안에서만 사용됩니다. 따라서 굳이 빗방울raindrop이라고 이름을 안 붙이고, 페퍼로니라는 이름을 붙여도 상관없습니다.

배 아파.
페퍼로니 어디서 났던 거야?

라, 얼마나 오래된 거야?

몰라.
근데 자판기 운영 체제가
윈도우 비스타였던 거 같아.

for 루프는 리스트 안 여러 항목에 대해 여러 함수를 실행합니다. 그런데 문제가 있습니다. 일단 만들어진 빗방울들은, 떨어진 후에도 사라지지 않는다는 점입니다. for 루프는 떨어진 빗방울들의 좌표를 계속 업데이트합니다. 방치하면 리스트가 너무 길어져서 컴퓨터가 감당하기 어려울 만큼 많은 메모리를 사용해야 합니다. 그러면 파이썬은 결국 부르르 떨면서 멈추겠지요.

그렇다고 for 루프 안에서 리스트의 항목들을 지울 수도 없습니다. for 루프는 리스트의 항목을 하나하나씩 확인하면서 돌기 때문에 항목을 지우면 헤매게 됩니다. 그럼 문제 해결 방법이 없는 거냐고요? 그럴리가요! 문제 해결을 위해 for 루프를 while 루프로 바꾸겠습니다. while 루프를 사용하면 리스트의 항목들을 지울 수 있습니다. 먼저 빗방울 클래스에서 새로운 함수를 만들어 봅시다.

이 새로운 함수는 빗방울 클래스 안, move() 함수 밑에 쓰세요. 가장 먼저 __init__()만 나온다면 다른 함수들의 순서는 상관없습니다. 보통 draw() 함수를 가장 나중에 쓰지만 꼭 그럴 필요는 없습니다.

```python
def off_screen(self):
    return self.y > 800
```

이 함수는 불^{Boolean} 대수 값을 돌려줍니다. self.y가 800보다 크면 off_screen()은 참값을 돌려줍니다. 그렇지 않으면 off_screen()은 거짓값을 돌려줍니다.

불 대수

　프로그래밍에서 자주 쓰이는 불 대수는 '참' 아니면 '거짓'만 돌려주는 식입니다. (참은 1, 거짓은 0이라고 쓰기도 합니다.) if 조건문을 예로 들어 봅시다.

```
if x == 8:
    y += 5
```

　1번째 줄은 불 대수 값을 찾으라는 뜻입니다. x가 8인지 아닌지 알려 달라는 것이지요. 2번째 줄은 만약 1번째 줄이 참이면 y에 5를 더하라는 뜻입니다. 만약 거짓이면 아무것도 하지 않습니다.
　그런데 if 뒤에 조건이 여러 개인 경우도 있습니다.

　① and로 연결된 경우 (311쪽 참고)

```
if event.type == KEYDOWN and event.key == K_q and menu == "game":
```

　이 코드는 and로 연결된 3개의 서로 다른 진술이 각각 참인지를 묻습니다. 모든 진술이 참일 때만 다음 줄을 실행합니다. 마치 전자공학에서의 AND 게이트(2개의 입력이 모두 참일 때만 참을 돌려주는 게이트)와 같지요.

　② or로 연결된 경우 (312쪽 참고)

```
if self.x < 0 or self.x > 1000:
```

　이 코드는 or로 연결된 2개의 진술 중 참인 것이 있는지를 묻고 있습니다. 만약 둘 중 하나라도 참이면 다음 줄을 실행합니다.

　③ "아니면not"을 사용하여 참 또는 거짓을 반대로 바꾸기도 합니다.

```
if not A == 30
```

　이 코드는 A가 30이 아닐 때 참값을 돌려줄 것입니다.

while 루프가 for 루프보다 복잡해 보이지만, 이해하면 꽤 쉽게 사용할 수 있습니다. while 루프의 장점은 리스트의 항목들이 필요 없어지면 지울 수 있다는 것입니다. 음영 표시한 코드를 추가하세요.

```
while 1:
    clock.tick(60)
    for event in pygame.event.get():
        if event.type == QUIT:
            sys.exit()

    raindrops.append(Raindrop())

    screen.fill((255,255,255))

    for raindrop in raindrops:
        raindrop.move()
        raindrop.draw()
    i = 0
    while i < len(raindrops):
        raindrops[i].move()
        raindrops[i].draw()
        i += 1

    pygame.display.update()
```

1번째 줄부터 설명하겠습니다.

```
i = 0
```

i라는 변수의 값을 0으로 정합니다. 이 변수는 빗방울들 리스트의 항목 번호를 셀 때 사용합니다. 계속 말하지만 꼭 i라고 쓸 필요는 없습니다. 다른 데서 이미 사용한 이름만 아니면 어떤 이름을 써도 상관없습니다. avocado=0이라고 써도 됩니다. 루프를 도는 과정을 반복iteration이라고 부르기 때문에, 보통 i라고 쓰긴 하지만요. 만약 i를 이미 썼다면 j, 아니면 k라고 써도 됩니다.

```
while i < len(raindrops):
```

while 루프의 시작을 나타내는 코드입니다. len() 함수는 리스트의 길이를 알려 줍니다. 빗방울들raindrops는 우리가 사용하는 리스트의 이름입니다. 지금 i는 0입니다. i가 빗방울들 리스트의 길이보다 작은 동안에는 참이므로 그다음 줄들이 실행됩니다. 만약 리스트 안에 아무것도 없어서위 코드가 참값을 돌려주지 않으면, 게임 루프는 그냥 다음 코드로 넘어갑니다.

```
raindrops[i].move()
raindrops[i].draw()
```

위 두 줄의 코드는 빗방울 클래스에 있는 2개의 함수를 실행시킵니다. for 루프 안에서 두 함수를 실행시키는 코드와 비슷해 보이지만 약간 다릅니다. for 루프 안에서는 빗방울raindrop이라는 변수를 만들고, 차례대로 리스트 안에 있는 빗방울과 같게 했습니다. 여기서는 항목 번호 i를 빗방울들 리스트에서 가져왔습니다. 그래서 raindrops[i]라고 쓴 것입니다. raindrops[i]는 빗방울 리스트의 항목 번호 i를 뜻합니다.

```
i += 1
```

이제 i에 1을 더합니다. while 루프가 시작 지점으로 돌아가면 i는 1이 됩니다. i의 값이 리스트항목들의 수보다 작은지를 확인함으로써 리스트에 남은 항목이 있는지 확인합니다. 다음으로 넘어가서 리스트에 있는 두 번째 항목인 raindrops[1]을 움직이고 그립니다.

만약 리스트 안에 6개의 항목이 있다고 가정하면 0, 1, 2, 3, 4, 5번이라고 셀 수 있습니다. i는 0부터 시작해서 5번까지 루프를 돕니다. 그다음 루프에서는 i는 6이 될 것입니다. while 루프의 1번째 줄은 while i < len(raindrops):입니다. i는 6이고 len(raindrops)도 6이므로, 6 < 6은 거짓이 됩니다. 그러면 while 루프는 멈추고, 게임 루프는 다음 섹션으로 넘어갑니다.

우리가 raindrops.append(Raindrop())이라는 코드를 써서 리스트에 1개의 항목을 추가하면,리스트의 길이는 1만큼 증가합니다. 그리고 추가한 항목은 리스트의 가장 끝으로 갑니다.

지금까지 리스트에 빗방울들을 추가하고, 루프가 리스트를 돌면서 차례대로 각 빗방울을 움직이고 그리는 것을 배웠습니다. 스크린 밖으로 나간 빗방울들을 지우기 위해 off_screen() 함수를 만들었지요. 아래 음영으로 표시된 부분은 떨어진 빗방울들을 지우는 마술의 코드입니다.

```
i=0
while i < len(raindrops):
    raindrops[i].move()
    raindrops[i].draw()
    if raindrops[i].off_screen():
        del raindrops[i]
        i -= 1
    i += 1
```

실행

음영 1번째 줄에 if 문이 있습니다. if 문은 조건이 참인지 거짓인지를 판단합니다. 이 대답은 빗방울 클래스에 있는 off_screen() 함수가 알려 줍니다.

참고

빗방울 리스트에 들어 있는 항목들은 빗방울 클래스로 만든 것이기 때문에, 빗방울 클래스에서 답을 찾을 수 있는 것입니다.

off_screen() 함수는 빗방울이 스크린 바닥에 떨어졌는지 아닌지를 감지합니다. i번빗방울에 대해 참을 돌려주면, del이라는 키워드(124쪽 참고)를 사용해 이 빗방울을 삭제하고, i에서 1을 뺍니다. 항목을 하나 지웠기 때문에 리스트의 길이도 1만큼 줄어들어야 합니다. 만약 8개의 항목이 있는 리스트에서, 4번항목을 지운다고 가정해 봅시다. 그럼 5번항목이 새로운 4번항목이 될 것입니다. 다음 루프에서는 새로운 4번째 항목에 대해 함수를 실행시켜야 하고, 따라서 i를 3으로 내려야 합니다. 다음 줄에서 i에 1을 더해서 4로 바꿉니다. 그러면 루프는 새로운 4번 항목을 움직이고 그리고 off_screen() 함수가 참을 돌려주면(스크린 밖으로 나가면) 지웁니다.

지금은 모든 빗방울이 같은 속도로 떨어집니다. 빗방울이 떨어지는 속도를 각각 다르게 하여 비 내리는 모습이 좀 더 현실적으로 보이도록 할 수도 있습니다.

```
def __init__(self):
    self.x = random.randint(0,1000)
    self.y = -5
    self.speed = random.randint(5,18)

def move(self):
    self.y += 7 self.speed
```

실행

randint() 함수를 사용해 빗방울이 서로 다른 속도로 떨어지도록 해 봅시다. randint()의 인자는 양 끝의 수를 포함합니다. self.speed라는 변수를 만들고, 5부터 18 사이의 수 중 하나를 임의로 고릅니다.

randint() 함수를 __init__() 함수 안에 쓰는 이유는 이 일이 특정 빗방울이 만들어질 때 1번만 하면 되는 일이기 때문입니다. 일단 만들어진 빗방울은 떨어질 때까지 같은 속도를 유지합니다. 만약 self.speed를 move() 함수 안에 넣으면 self.speed는 빗방울이 움직일 때마다 변할 것입니다. move() 함수가 불려오면, self.speed의 값을 self.y에 더합니다. move() 함수는 각 빗방울에 대해 게임 루프 1번당 1번씩 불려옵니다. 즉, 루프를 돌 때마다 빗방울의 속도는 바뀌겠지요.

너 정말 랜덤이니?

난 그냥 스코틀랜드 날씨에 따라
숫자를 하나 고를 뿐이야.
스코틀랜드 날씨보다
더 랜덤일 수는 없거든.

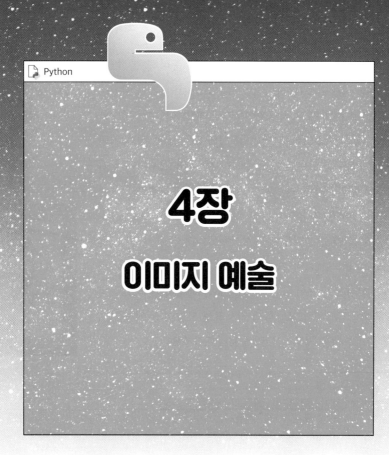

4장
이미지 예술

우리 둘이 사진 찍은 거
출력했어.

좋아. 다른 사진들이랑 같이
노트북에 붙여놓을게.

이미지

마이크를 스크린에 등장시킵시다. 이미지부터 준비해 볼까요?
오른쪽 이미지를 웹사이트(http://pythonhunting.github.io)
의 image&sound 메뉴에서 다운받으세요. 파일 이름은 Mike_
umbrella.png입니다. 포토그래픽 이미지는 JPEG를 쓰는 게 좋지만
이런 이미지들은 PNG를 쓰는 것이 좋습니다. 이 이미지는 크기가 가
로 170픽셀, 세로 192픽셀입니다. 반드시 170픽셀, 192픽셀일 필요는
없지만 비슷하긴 해야 합니다.

이 이미지는 사실 배경이 흰색인 직사각형입니다. 검은색 박스 안
에 넣으면 오른쪽처럼 보일 것입니다. 파이썬 사용 이미지의 배경은
흰색인 것이 좋습니다. screen.fill() 함수를 쓰면 배경이 흰색으로 채
워지거든요. 배경이 검정색이라면 흰색 직사각형 모양이 눈에 띄겠지
요. 나중에 주변의 흰색을 지우는 트릭을 보여드릴게요.

파일 수납장, 폴더

지금까지 .py 파일을 pythonfiles 폴더에 저장했나요? 바탕화면
에 저장했다고요? 바탕화면도 폴더랍니다. 바탕화면에 파일을 늘
어놓으면 찾기 어려우니 폴더를 따로 만들어 정리하는 것이 좋습
니다.

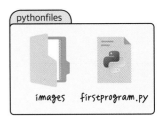

그 폴더 안에 images라는 새로운 폴더를 만들고, Mike_umbrella.png를 넣으세요. 앞으로 만
들 게임에서 사용될 모든 이미지가 images 폴더에 저장될 거예요. 게임마다 새로 폴더를 만들고
싶다면 새 게임 파일 폴더 안에도 images 폴더를 만들어야겠지요. 만약 폴더 이름을 images라고
하지 않을 거라면, 코드에서 폴더 이름을 찾아 바꾼 이름으로 수정해야 합니다.

먼저 마이크 이미지를 게임에 불러와야 합니다. 이 일은 앞에서 스크린과 시계를 만드는 코드를 썼던, 프로그램의 셋업에서 해야 합니다. 셋업 가장 아래 다음 코드를 추가하세요.

```
mike_umbrella_image = pygame.image.load("images/Mike_umbrella.png").convert()
```

mike_umbrella_image라는 이름의 객체를 만드는 코드입니다. mike_umbrella_image는 변수기 때문에 뭐라고 이름 붙여도 상관없지만, 그래도 가장 직관적인 이름을 붙이는 게 좋지요. 일단 프로그램이 이미지에 붙이는 이름이라고 생각하세요.

pygame.image.load() 함수는 이미지를 파이게임으로 가져오고, convert() 함수는 이미지를 컴퓨터의 그래픽 카드가 읽을 수 있는 포맷으로 바꿔 줍니다. 둘 다 이미지를 불러올 때마다 자동으로 일어나는 일인데, 셋업에 써 두면 파이썬이 이미지를 불러올 때마다 쓰는 시간과 노력을 줄일 수 있습니다.

이제 마이크 클래스를 만듭시다. 앞에서 다룬 빗방울 클래스 기억나나요? 빗방울 클래스를 만든 이유는 최소한의 코드로 모든 빗방울을 만들고 제어할 수 있기 때문이었습니다. 마이크는 하나뿐이지만 마이크 클래스도 만드는 것이 좋습니다. 마이크와 관련된 모든 것을 한 곳에 몰아넣을 수 있으니까요. 아래 코드는 빗방울 클래스 위나 아래에 쓰세요.

```python
class Mike:
    def __init__(self):
        self.x = 300
        self.y = 400
    def draw(self):
        screen.blit(mike_umbrella_image,(self.x,self.y))
```

마이크 클래스는 매우 간단합니다. __init__() 함수로 self.x와 self.y를 정의합니다. draw() 함수는 screen.blit() 함수를 사용해 이미지를 스크린에 전송[blit]합니다. screen.blit() 함수는 전송할 객체와 전송될 좌표, 2개의 인자를 갖습니다. 따라서 여기에서는 mike_umbrella_image를 스크린 위의 (self.x, self.y), 즉 (300, 400)에 보여 줍니다.

> **참고**
>
> 이미지를 화면에 '전송한다[blit]'는 것은 이미지를 화면에 표시한다는 뜻입니다. 앞에서는 파이게임 안의 모양 그리기(원 그리기, 직사각형 그리기) 함수들을 사용해서 이미지를 그렸지요. 직접 이미지 파일을 불러와 화면에 표시하지는 않았습니다. 하지만 지금처럼 진짜 이미지를 사용할 때는 반드시 이미지를 전송해야 합니다. 텍스트도 전송할 수 있습니다.

자, 이제 마이크 클래스 만들기가 끝났습니다. 아직 마이크 인스턴스는 안 만들었지만요. 빗방울의 경우 모든 인스턴스를 저장할 리스트를 만들었지만, 지금은 인스턴스가 1개이므로 리스트를 만들 필요는 없습니다. 따라서 빗방울 리스트 바로 밑에 아래처럼 씁니다.

```python
raindrops = []
mike = Mike()
```

마이크 클래스[Mike()]의 유일한 인스턴스인 마이크[mike]를 만드는 코드입니다.

참고

인스턴스를 만들 때는 클래스의 끝에 ()를 씁니다.

아직 게임 루프에서 draw() 함수를 불러오지 않았기 때문에 마이크는 스크린에 보이지 않을 것입니다. draw() 함수가 이미지를 표시해야 합니다. 아래 코드를 screen.fill() 바로 밑에 쓰세요. 마이크는 스크린의 앞, 빗방울의 뒤에 그려져야 하니까요. 들여쓰기는 1번만 합니다.

```
screen.fill((255,255,255))
mike.draw()
```
실행

이제 우산을 쓴 마이크가 스크린에 나타날 것입니다. 앗, 그런데 비가 마이크의 우산을 그냥 통과하네요!

마이크 클래스에 함수를 하나 추가해 봅시다.

```
class Mike:
(중략)
    def hit_by(self,raindrop):
        return pygame.Rect(self.x,self.y,170,192).collidepoint((raindrop.x,raindrop.y))
```

먼저 hit_by() 함수를 살펴보겠습니다. hit_by() 함수에는 self 말고 또 다른 인자가 있습니다. 바로 빗방울raindrop입니다. while 루프가 돌아가면서 하나의 빗방울을 떨어뜨리면, 이 빗방울이 hit_by() 함수의 인자로 주어집니다.

pygame.Rect()는 직사각형의 좌표를 저장하는 클래스입니다. 실제로 직사각형을 그리는 것이 아니라 스크린의 특정 위치에 보이지 않는 직사각형을 만듭니다. 보이지 않는 직사각형에 어떤 점이 닿았는지 안 닿았는지 여부를 collidepoint() 함수가 감지합니다. collidepoint() 함수는 Rect 클래스에 들어 있는 함수입니다. (이해가 잘 안 돼도 괜찮습니다.)

보이지 않는 직사각형Rect을 마이크 이미지 앞에 겹쳐 놓읍시다. 이 일은 마이크 클래스 안에서 해야 합니다. 마이크 이미지의 좌표인 self.x와 self.y를 사용해야 하니까요. 마이크 이미지와 같은 가로 170, 세로 192의 길이를 Rect에게 주어서 마이크 이미지의 바로 앞에 가공의 직사각형을 만듭니다.

collidepoint()는 튜플tuple로 주어지는 좌표 한 쌍을 인자로 갖습니다. 좌표는 특정 빗방울의 x좌표와 y좌표입니다. 따라서 보이지 않는 직사각형 위에 특정 빗방울이 겹치는지 아닌지를 확인할 수 있습니다. 그 빗방울의 x, y좌표가 Rect()로 만든 직사각형과 겹치는지에 따라 hit_by() 함수가 참 또는 거짓을 돌려줍니다. 만약 참이라면 해당 빗방울을 빗방울들 리스트에서 지워야 합니다.

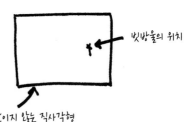

빗방울의 위치

보이지 않는 직사각형

```
While 1:
(중략)
    i=0
    while i < len(raindrops):
        raindrops[i].move()
        raindrops[i].draw()
        if raindrops[i].off_screen() or mike.hit_by(raindrops[i]):
            del raindrops[i]
            i -= 1
        i += 1
```

실행

빗방울 지우기 코드에 마이크 관련 내용을 넣었습니다. 이제 단순히 스크린에서 빗방울이 사라졌는지뿐만 아니라 마이크와 충돌했는지까지 확인합니다. 만약 둘 중에 하나라도 참이라면 빗방울에게 작별을 고해야겠지요.

리스트와 튜플

지금까지 리스트를 많이 써 봤습니다. 사실 리스트는 쉽게 만들 수 있습니다.

```
raindrops = []
```

라고 쓰기만 하면 빗방울들raindrops이라는 리스트가 만들어지지요. 그다음 append() 함수를 사용해 쉽게 이것저것 추가할 수 있었습니다. del을 사용해 리스트에서 삭제할 수도 있고요.

앞에서 튜플에 대해 이야기한 것을 기억하나요? 색깔은 항상 튜플로 표시합니다. 튜플은 기본적으로 내용을 바꿀 수 없는 리스트입니다. 추가나 삭제할 수 없습니다. 색깔 튜플에 뭘 더 집어넣겠다는 것 자체가 말이 안 되지요.

튜플을 만드는 방법은 리스트를 만드는 법과 같습니다. 대괄호[] 대신 소괄호()를 쓴다는 점만 빼고요. 또한 튜플에서는 소괄호 사이에 쉼표를 최소한 1개 이상 써야 합니다. 비어 있지 않은 한 말이지요. 따라서 항목이 1개 있는 튜플은 다음과 같이 씁니다.

```
tupleA=(32,)
```

만약 tupleA=(32)라고 쓰면 파이썬은 이걸 튜플이 아니라 뭔가 수학적인 거라고 오해합니다. 165쪽의 퐁pong 게임에서는 배트bat 리스트를 만듭니다. 배트 리스트 안에는 제어 리스트를 만듭니다. 리스트는 대괄호를 사용하여 만듭니다.

```
bats = [Bat([K_a, K_z], 10, -1), Bat([K_UP, K_DOWN], 630, 1)]
```

배트 리스트와 제어 리스트는 게임 하는 동안 바뀌지 않습니다. 따라서 리스트 대신 튜플을 사용해도 됩니다. 아래처럼요. 리스트보다 효율적이므로 가능하면 튜플을 쓰는 것이 좋습니다.

```
bats = (Bat((K_a, K_z), 10, -1), Bat((K_UP, K_DOWN], 630, 1))
```

지금은 이 코드를 이해할 수 없어도 괜찮습니다. 165쪽에 가면 여기로 되돌아와 다시 읽어 보세요.

구름을 하나 만들어 봅시다. 먼저 이미지가 필요합니다. 아까 처럼 이미지는 직접 그리거나 웹사이트에서 다운받아야 합니다. 파일 이름을 cloud.png로 정하겠습니다. 프로그램에 이미지를 불러오기 위해 다음 코드를 프로그램의 셋업에 씁니다.

```
cloud_image = pygame.image.load("images/cloud.png").convert()
```

이제 구름 클래스를 만듭니다. 빗방울이나 마이크 클래스 위 또는 아래에 쓰세요.

```
class Cloud:
    def __init__(self):
        self.x = 300
        self.y = 50

    def draw(self):
        screen.blit(cloud_image,(self.x,self.y))
```

__init__() 함수에서 구름의 x, y좌표를 정합니다. draw() 함수에서 구름 이미지를 전송합니다.

이제 구름 클래스의 인스턴스를 만듭니다. 마이크 클래스의 인스턴스처럼 만들면 됩니다. mike = Mike() 밑에 쓰세요. 이번에도 들여쓰기는 하지 않습니다.

```
mike = Mike()
cloud = Cloud()
```

마지막으로 구름의 draw() 함수를 불러옵니다. 이 코드는 게임 루프 안에서 마이크의 draw() 함수를 불러오는 코드 바로 밑에 씁니다.

```
mike.draw()
cloud.draw()
```

실행

손쉽게 구름 하나를 만들었습니다.

구름에서 떨어지는 빗방울

이제 비슷한 구름들을 더 만들고 구름에서 빗방울이 떨어지게 해 봅시다. 그런데 지금은 게임 루프 안에서 빗방울들을 만듭니다. 따라서 screen.fill() 함수 바로 위의 아래 코드는 삭제하든지 #을 달아서 실행되지 않게 해야 합니다.

```
raindrops.append(Raindrop())
```

빗방울이 빗방울들 리스트에 추가되면, 빗방울 클래스의 __init__() 함수는 빗방울을 아무 위치에나 놓습니다. 이 두 가지 일을 모두 구름 클래스 안으로 집어넣읍시다.

구름 클래스 안에 함수를 하나 만들고, 이 함수가 새로운 빗방울을 만든 뒤 빗방울을 놓을 위치를 알아서 정하게 합니다. 그다음 빗방울 클래스에게 해당 위치를 알려 줍니다.

따라서 빗방울 클래스의 __init__() 함수를 다음과 같이 수정합니다.

```
class Raindrop:
    def __init__(self,x,y):
        self.x = random.randint(0, 1000) x
        self.y = -5 y
        self.speed = random.randint(5,18)
```

실행

__init__() 함수에게 2개의 인자 x, y를 줍니다. 빗방울이 만들어지면 이 새로운 값(x와 y)을 줍니다. 그다음에 self.x를 x와 같게 만들고, self.y를 y와 같게 만듭니다. 이런 방법으로 다른 곳에서 만든 좌표를 빗방울에게 줄 수 있습니다.

뭐해?

할머니들이 항상 진실만을 말하진 않는 것 같아.

할머니가 했던 대로 구름을 움직이려고 정신을 집중하는 중이야.

이제 99쪽에서 만든 구름 클래스에 다음 함수를 추가합니다. 그럼 빗방울도 만들 수 있고, 위치도 정해집니다.

> **참고**
>
> '빗방울 클래스에서 빗방울을 만들어야 하는 거 아닌가?' 생각할 수도 있지만, 그럴 수는 없습니다. 빗방울 클래스는 이미 만들어진 빗방울들에 대해서만 작업할 수 있습니다. 클래스의 인스턴스는 클래스 밖에서 만들어야 합니다. 물론 항상 예외는 있지만, 지금은 몰라도 됩니다.

```
class Cloud:
(중략)
    def rain(self):
        raindrops.append(Raindrop(random.randint(self.x,self.x+300),self.y+100))
```

2번째 줄을 간단히 하면 아래와 같습니다.

```
raindrops.append(Raindrop(x, y))
```

Raindrop()은 빗방울 생성자constructor입니다. 빗방울 생성자는 빗방울 클래스의 인스턴스를 만듭니다. 빗방울 클래스의 인스턴스를 빗방울들 리스트에 추가하지요. 이렇게 만들어진 인스턴스는 x, y 2개의 값을 받습니다.

앞쪽에서 하나의 빗방울이 만들어질 때 빗방울 클래스의 __init__() 함수가 x, y 2개의 인자를 요구한다고 했습니다. 위 코드에서 x는 random.randint(self.x, self.x+300)로 주었습니다. 구름의 x좌표인 self.x와 self.x+300 사이 임의의 숫자를 정하라는 뜻입니다. 구름의 x좌표는 구름의 왼쪽 끝을 말합니다. 구름의 가로 길이는 300이므로 오른쪽 끝은 self.x+300입니다. 따라서 구름의 양 끝 사이의 임의의 숫자를 선택하게 됩니다.

y값은 self.y+100으로 고정합니다. self.y는 구름의 가장 윗부분의 y좌표입니다. 구름의 높이는 108픽셀입니다. 따라서 self.y+100은 구름의 가장 밑부분에서 아주 조금 올라온 곳입니다. (y축은 아래 방향이 양수니까요!)

이제 게임 루프에서 이 함수를 불러와야 합니다. draw() 함수를 불러올 때 같이하면 됩니다.

```
cloud.draw()
cloud.rain()
```

실행

이제 구름을 움직입시다. 눌린 키들 리스트pressed_keys list가 필요합니다. 이 코드는 끝내기QUIT 섹션 밑에 씁니다. 끝내기와는 별 관계없지만, 이런 코드는 보통 끝낼 때 쓰니까요.

```
for event in pygame.event.get():
    if event.type == QUIT:
        sys.exit()
pressed_keys = pygame.key.get_pressed()
```

구름의 움직임 제어를 위해 구름 클래스 안에서 move 함수를 만듭시다.

```
Class Cloud:
(중략)
    def move(self):
        if pressed_keys[K_RIGHT]:
            self.x += 1
        if pressed_keys[K_LEFT]:
            self.x -= 1
```

원을 움직이던 코드와 비슷하지요? xpos 대신 self.x를 썼을 뿐입니다. 작동 방식도 같습니다. 이 제 게임 루프에서 구름이 다른 함수들과 같이 move() 함수를 불러오도록 추가합니다.

```
cloud.draw()
cloud.rain()
cloud.move()
```

위 코드에서 rain() 함수는 루프당 1번 불려오고, 빗방울 1개만 내보냅니다. 빗방울 여러 개를 내 보내려면 구름 클래스 안의 rain() 함수를 이렇게 바꾸세요.

```
def rain(self):
    for i in range(10):
        raindrops.append(Raindrop(random.randint(self.x,self.x+300),self.y+100))
```

for 루프는 10까지의 모든 i 값을 따라 돌면서 각 루프당 1번씩 마지막 줄을 실행합니다. 따라서 rain() 함수가 1번 불려올 때마다 빗방울 10개가 생깁니다.

이제 간단한 애니메이션을 만들어 봅시다. 비 올 때는 우산이 필요하지만, 구름이 가 버리고 빗방울도 떨어지지 않으면 필요 없습니다. 비가 올 때만 마이크가 우산을 들도록 만듭시다. 먼저 마이크의 두 번째 이미지를 불러옵니다. 오른쪽 이미지는 Mike.png이고, 웹사이트에 있습니다. 프로그램의 셋업에 아래 코드를 써서 불러옵니다.

```
mike_image = pygame.image.load("images/Mike.png").convert()
```

비가 멈추고 1초 뒤에 마이크가 우산을 내려놓도록 하려면 현재 시각을 알려 줄 시계가 필요합니다. 마이크 위로 마지막 빗방울이 떨어진 시각을 기록해야 하니까요. 그래야 1초가 지난 뒤 마이크 이미지를 바꾸라고 할 수 있거든요. 마이크가 마지막으로 빗방울에 맞은 시각을 저장할 변수도 추가해야 합니다. 이 변수는 프로그램의 셋업에 씁니다. 당연히 들여쓰기는 하지 않습니다.

```
last_hit_time = 0
```

여기서 질문! 변수는 클래스 안에 만들어야 할까요? 아니면 셋업 또는 게임 루프 안에 만들어야 할까요?

일반적으로 클래스의 인스턴스가 사용하는 변수는 클래스 안에서 만듭니다. self.x나 self.y처럼 말이지요. 매 게임 루프마다 리셋되거나 i처럼 게임 루프 안에서만 사용되는 변수는 게임 루프 안에 만듭니다. 클래스와 게임 루프 안에서 동시에 사용되거나, 게임 루프 안에서만 사용되는데 매 루프마다 업데이트되지만 리셋되지는 않는 변수는 셋업에서 만듭니다. last_hit_time은 게임 루프와 클래스 안에서 사용되며 매 루프마다 업데이트되는 변수입니다. 따라서 셋업에 만듭니다.

컴퓨터 안에는 1970년 1월 1일부터 1000분의 1초^{millisecond} 단위로 숫자를 세는 시계가 있습니다. 커맨드 라인에서 이 시계를 불러 봅시다.

```
C:\ 명령 프롬프트

C:\Users\username>python
Python 3.6.5 (v3.6.5:f59c0932b4, Mar 28 2018, 17:00:18) [MSC v.1900 64 bit (AMD64)]
on win32
Type "help", "copyright", "credits" or "license" for more information.
>>> import time
>>> time.time()
1530004710.547914
```

가장 아래쪽 숫자가 1970년 1월 1일 자정으로부터 지난 초를 나타내는 수입니다. 앞으로 몇 쪽 동안 이 시계를 이용할 것입니다. 파이썬에서 이 시계를 이용하려면 프로그램 맨 첫 줄에서 time 모듈을 가져와야^{import} 합니다.

```
import pygame, sys, random, time
```

참고

이 시계는 2038년 1월 19일 이후 쓰지 못할 수도 있습니다. 컴퓨터 시스템 같은 32비트 유닉스가 다루기엔 너무 큰 수거든요. 이렇게 되면 시스템이 다운될 수도 있습니다. 이것을 에포칼립스^{epochalypse}라고 부르기도 합니다. 종말^{apocalypse}과 에폭^{epoch}을 합쳐서 만든 단어입니다. 에폭이 뭐냐고요? 1970년 1월 1일 자정을 가리키는 말이지요.

우리 죽는 거야?

아니. 하지만 낡은 컴퓨터 시스템은 죽을 수도.

하지만 우리가 지금 낡은 컴퓨터 시스템 안에 있지 않은지 어떻게 알아? 여긴 좀 이상해. 우리는 색깔도 없고 두 장이 지날 동안 똑 게임만 하는 사람들도 있잖아.

이런, 탈출선 어딨지?

빗방울 제어 while 루프(while 1: 말고요) 안에는 빗방울을 삭제하는 두 가지 조건이 있습니다. 아래 5, 6번째 줄을 보면, 빗방울이 스크린 밖으로 떨어지거나, 마이크에 닿았을 때 삭제됩니다.

```
i=0
while i < len(raindrops):
    raindrops[i].move()
    raindrops[i].draw()
    if raindrops[i].off_screen() or if mike.hit_by(raindrops[i]):
        del raindrops[i]
        i -= 1
    i += 1
```

마이크 위에 빗방울이 떨어질 때만 last_hit_time을 time.time()으로 정해야 합니다.

```
i=0
while i < len(raindrops):
    raindrops[i].move()
    raindrops[i].draw()
    if raindrops[i].off_screen():
        del raindrops[i]
        i -= 1
    if mike.hit_by(raindrops[i]):
        del raindrops[i]
        last_hit_time = time.time()
        i -= 1
    i += 1
```

6번째 줄에서 10번빗방울이 삭제됐다면, 8번째 줄이 인식하는 빗방울은 새롭게 10번빗방울이 된 11번빗방울입니다. 우리는 이 빗방울을 움직이지도, 그리지도, 스크린 밖으로 떨어졌는지 확인하지도 않았습니다. 게임 루프 1번에 빗방울 수백 개 중 하나가 없어진다고 해서 뭐가 문제냐고요? 지금은 괜찮지만 나중에 총알 같은 걸 다룬다면 문제가 될 수 있습니다. 다행히 8번째 줄의 if를 else로 바꾸어 문제를 해결할 수도 있습니다. else 문은 기본적으로 if 문이 거짓일 때만 실행되기 때문입니다.

if-else 문

프로그래밍을 하다 보면 아래와 같은 형태로 된 구문을 종종 볼 수 있습니다.

```
if x == 3:
    위아래로 뛰기
else:
    가만히 서 있기
```

만약 1번째 줄이 참이면 이걸 읽은 파이썬은 우리를 위아래로 뛰게 만들 것입니다. 이때 "else" 부분은 무시합니다. 하지만 만약 1번째 줄이 거짓이면 파이썬은 "else" 쪽을 보고 거기 적힌 대로 시키겠지요. 파이썬은 이걸 하든 저걸 하든 둘 중 하나를 시킵니다. 결코 2개를 동시에 시키지는 않지요.

다중 if-else 문은 다음과 같은 형태입니다.

```
if x == 5:
    위아래로 뛰기
elif x == 6:
    빙빙 돌기
elif x == 7:
    구부려서 손을 발가락에 대기
else:
    가만히 있기
```

참인 구문을 찾으면 파이썬은 나머지를 무시합니다. 만약 x가 6이라면 파이썬은 우리를 빙빙 돌게 만들겠지요. x가 7과 같은지 물어보지는 않습니다. 만약 참인 경우를 찾지 못했다면, 파이썬은 "else" 구문 아래에 있는 것을 시킬 것입니다.

> **참고**
>
> elif는 else + if의 줄임말입니다. "그렇지 않으면"이라고 해석하면 됩니다. else도 "그렇지 않으면"이라는 뜻이지만, else는 더 이상 선택지가 없을 때 쓰고, elif는 다른 선택지가 있을 때 씁니다.

if-else 문을 사용해도 문제가 해결되지만, 플래그flag를 쓰는 것도 가능합니다. 플래그는 파이썬에서 조건이 참인지를 가리키기 위해 사용되는 논리 변수입니다.

```
i=0
while i < len(raindrops):
    raindrops[i].move()
    raindrops[i].draw()
    flag = False
    if raindrops[i].off_screen() or if mike.hit_by(raindrops[i]):
        del raindrops[i]
        i -= 1
        flag = True
    if mike.hit_by(raindrops[i]):
        del raindrops[i]
        i -= 1
        flag = True
        last_hit_time = time.time()
    if flag:
        del raindrops[i]
        i -= 1
    i += 1
```

아아아아아!
난 곧 죽을 거야!

아아아아아!
난 곧 죽을 거야!

아아아아아!
난 곧 죽을 거야!

아아아아아!
난 곧 죽을 거야!

아아아아아!
난 곧 죽을 거야!

아아아아아!
난 곧 죽을 거야!

아아아아아!
난 곧 죽을 거야!

아아아아아!
난 곧 죽을 거야!

아아아아아!
난 곧 죽을 거야!

〈빗방울들의 속마음〉

각각의 빗방울에 플래그를 꽂습니다. 플래그가 거짓이면 빗방울은 삭제되지 않습니다. 하지만 다른 조건이 참이 되면 플래그를 참으로 바꿉니다. if flag: 라는 코드는 만약 플래그가 참이라면 다음에 나오는 코드를 실행하라는 뜻입니다. 즉, 두 가지 조건 중 하나라도 참이 되면, 플래그도 참이 돼 빗방울을 삭제하라는 뜻입니다. 플래그가 2번 참이 되는 것은 상관없습니다. 참이 또 참이 돼도 여전히 참이지요.

이제 마이크가 빗방울에 맞을 때마다 last_hit_time은 업데이트 됩니다. 다음 쪽의 draw() 함수에서 이것을 사용해 봅시다.

```
class Mike:
(중략)
    def draw(self):
        if time.time() > last_hit_time + 1:
            screen.blit(mike_image,(self.x,self.y))
        else:
            screen.blit(mike_umbrella_image,(self.x,self.y))
```

실행

마이크 클래스에서 처음 만든 draw() 함수는 꽤 간단했습니다. 마이크 이미지를 좌표(self.x, self.y)에 그리기만 했지요. 하지만 이제 if time.time() > last_hit_time + 1이라는 조건이 추가됐습니다.

빗방울이 마이크 위로 떨어질 때마다, last_hit_time은 time.time()으로 업데이트됩니다. draw() 함수가 불려올 때, last_hit_time과 time.time() 사이의 차이는 미미합니다. time.time()은 last_hit_time+1 보다 크지 않을 것이고, 위 조건식의 값은 거짓이 됩니다. 따라서 else 문이 실행되고 우산을 쓴 마이크 이미지가 나타납니다.

하지만 비가 마이크 위로 떨어지지 않게 되면, last_hit_time의 값은 그대로이고, time.time()은 계속 증가합니다. 1초 뒤에는 time.time()이 last_hit_time+1보다 커지게 됩니다. if 문은 참값을 돌려주고, 우산을 쓰지 않은 마이크 이미지가 전송될 것입니다. 즉, 1초 동안 비가 오지 않아야 마이크는 우산을 접습니다. 물론 1 대신 다른 숫자를 써도 됩니다.

우리 프로젝트에 필요한 만큼
시간을 쏟아 부어도 돼.
그러면 결코 끝나지 않겠지.

아니면 데드라인을 정해도 돼.
그러면 데드라인을 지키려고 서두르게 되고
코드는 난장판이 되고
프로젝트는 실패하겠지.

<시간의 법칙>

Part
1

우주 침략자 게임

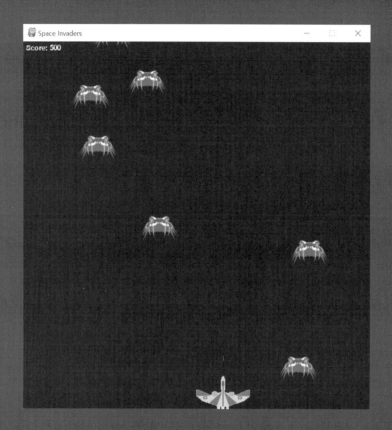

우주 침략자 게임

스페이스 인베이더를 만들어 봅니다. 위에서 아래로 내려오는
악당들에 맞서서 파이터를 좌우로 움직이며 미사일을 쏘며 싸
워 봅시다.

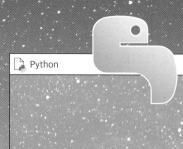

Python

5장

악당과 마주칠 때

저 구름 보니 무슨 생각 나는 줄 알아?
우주 침략자들 생각나.

움직이면서 뭔가 떨어뜨리잖아.
빵 싸서 하늘에서 떨어뜨리자.

래?

재미있겠다.

구름을 악당bad guy으로 바꿔 봅시다. 악당을 만드는 방식도 구름과 같습니다.

1 | 이미지를 가져와 악당 객체를 만듭니다.

2 | 악당을 여럿 만들고 각각 제어하기 위해 클래스를 만듭니다.

3 | 악당의 움직임을 기록할 수 있도록 리스트를 만듭니다.

4 | 게임 루프에서 악당과 관련된 함수를 불러옵니다.

5 | 악당들을 괴롭힙니다.

먼저 악당을 그리거나 웹사이트에서 이미지를 다운받읍시다. 참고로, 실제 이미지는 컬러이며 파일 이름은 badguy.png입니다. 악당 이미지는 가로가 70픽셀, 세로가 45픽셀이고 검은색 배경입니다. 직접 그렸을 경우에는 확장자가 png인 파일로 저장해야 합니다.

IDLE에서 File > New File을 눌러 다음 쪽의 코드를 입력한 다음, 코드를 읽고 이해해 보세요. 거의 다 앞에서 다룬 것들입니다.

이 프로그램은 65쪽에서 배운 원래 빗방울과 비슷합니다. 다른 점은 선을 그리지 않고 이미지를 표시한다는 것입니다. 악당 인스턴스를 하나만 만들었기 때문에 리스트는 안 만들어도 됩니다. 또, 아직은 for 루프나 while 루프에서 함수를 불러오지 않아도 됩니다.

```
   📄 badguy.py
1  import pygame, sys, random
2  from pygame.locals import *
3  pygame.init()
4  clock = pygame.time.Clock()
5  pygame.display.set_caption("Space Invaders")
6  screen = pygame.display.set_mode((640,650))
7
8  badguy_image = pygame.image.load("images/badguy.png").convert()
9
10 class Badguy:
11     def __init__(self):
12         self.x = random.randint(0,570)
13         self.y = -100
14     def move(self):
15         self.y += 5
16     def draw(self):
17         screen.blit(badguy_image,(self.x,self.y))
18
19 badguy = Badguy()
20
21 while 1:
22     clock.tick(60)
23     for event in pygame.event.get():
24         if event.type == QUIT:
25             sys.exit()
26     screen.fill((0,0,0))
27
28     badguy.move()
29     badguy.draw()
30     pygame.display.update()
```

실행

실행시키면 악당 한 마리가 스크린 위쪽에서 내려옵니다. 실행시킬 때마다 내려오기 시작하는 지점이 달라집니다. x좌표를 x축 위, 0과 570 사이의 임의의 지점으로 정했으니까요.

참고

악당 이미지의 가로 길이는 70픽셀이므로 x좌표가 570이면 악당 이미지의 오른쪽 끝이 스크린의 오른쪽 끝에 닿게 됩니다. (스크린의 가로 길이는 640이기 때문입니다.)

move() 함수가 불려올 때마다 self.y의 값이 증가됩니다. 매 게임 루프마다 1번씩 증가하지요. 따라서 악당이 스크린에서 지퍼를 내리는 것처럼 내려옵니다. 너무 느리다고요? 그래도 지금은 조금씩 움직이도록 만들어야 합니다. 하나씩 살펴본 후 고쳐서 더 재미있게 만들어 봅시다!

이 녀석은 쉽게 죽일 수 있겠는데.

얜 달팽이랑 경주해도 지겠는데?
얘네 행성에는
정제된 백설탕이 없나봐.

악당^{Badguy} 클래스의 move() 함수를 이렇게 바꿔 봅시다.

```
def move(self):
    self.y += 5
    if self.y > 300:
        self.x += 5
```

실행

이렇게 하면 매 게임 루프당 self.y가 5씩 증가합니다. 만약 self.y가 300보다 크면, self.x도 5씩 증가합니다. 이렇게만 해도 되지만 다음 코드도 실험해 봅시다.

```
def move(self):
    self.y += 5
    if self.y > 300 150 and self.y < 250:
        self.x += 5
    if self.y > 250:
        self.x -= 5
```

실행

move() 함수는 self.y에 5픽셀을 더합니다. 그러면 악당은 아래쪽으로 움직입니다. 만약 self.y가 150보다 크고 250보다 작으면, self.x에 5픽셀을 더합니다. 이렇게 하면 악당이 오른쪽으로 움직이게 됩니다. 그러나 self.y가 250보다 크면, self.x에서 5를 뺍니다. 그러면 악당은 왼쪽으로 움직입니다.

__init__() 함수 안의, self.x를 임의의 숫자로 지정하는 코드는 주석 처리하고 self.x를 285로 고정하고 실험해 보는 것이 좋을 것 같습니다. 아래처럼요.

```
def __init__(self):
    #self.x = random.randint(0, 570)
    self.x = 285
    self.y = -100
```

실행

이렇게 하면 악당은 항상 스크린 한가운데에서 아래로 내려갑니다.

원래의 __init__(), move() 함수로 돌아가 봅시다.

```
def __init__(self):
    #self.x = random.randint(0, 570)
    self.x = 285
    self.y = -100

def move(self):
    self.y += 5
    if self.y > 150 and self.y < 250:
        self.x += 5
    if self.y > 250:
        self.x -= 5
```

move() 함수에서는 매 루프마다 self.y의 값을 얼마나 바꿀지 정합니다. 여기서는 5만큼 더하도록 했지요. 수학적으로 y값의 바뀌는 양은 dy, x값이 바뀌는 양은 dx라고 합니다. dx는 x축 방향으로의, dy는 y축 방향으로의 속도를 나타냅니다. 만약 dy가 0이면, 세로로는 움직이지 않습니다. y값이 바뀌지 않으니까요. dy를 사용해 move() 함수를 다시 써 봅시다.

```
def move(self):
    dy = 5
    self.y += 5 dy
```

실행

코드와 변수를 하나씩 추가했을 뿐 같은 내용의 코드입니다. 그런데 매 게임 루프마다 dy를 1씩 증가시킨다고 생각해 봅시다. 루프를 2번 돌면 2픽셀만큼 커질 것입니다. 5번 돌면 5픽셀만큼 커지겠지요. 10번 돌면 10픽셀만큼 커질 거고요. 악당은 점점 빠르게 스크린 아래로 질주할 것입니다. 이런 걸 가속이라고 합니다. 이렇게 만들려면 매 루프마다 dy를 바꿔야 합니다.

```
def move(self):
    dy = 5
    dy += 1
    self.y += dy
```

이제 move() 함수가 불려올 때(매 게임 루프)마다 dy의 값은 1씩 커집니다. 그런데 이번에도 문제가 발생했습니다. 변수 dy에 값을 주지 않은 채 1을 더하려 했기 때문입니다. 변수를 만들 때는 값부터 정해야 합니다. 안 그러면 기분이 나빠진 파이썬이 "dy? 이거 뭐야?"라고 말하며 충돌합니다. dy의 값으로 0을 줘 봅시다.

```
def move(self):
    dy = 0
    dy += 1
    self.y += dy
```

제대로 변수를 만들고 값도 주었습니다. 파이썬도 별말 없겠지요. 하지만 move() 함수가 불려올 때마다 dy는 0으로 리셋되고 1만큼 증가합니다. self.y는 dy만큼 증가하니까, 1만큼만 증가합니다. 그러니 __init__() 함수 안에 dy를 만들어 봅시다.

```
def __init__(self):
    self.x = random.randint(0,570)
    self.y = -100
    dy = 0

def move(self):
    ──dy = 0
    dy += 1
    self.y += dy
```

__init__() 함수는 악당이 처음 만들어질 때만 불려오므로 dy의 값은 매 게임 루프마다 0으로 돌아가지 않습니다. 좋은 해결책 같아 보이지요. 그런데 함수 안에 변수를 만들면, 그 변수는 해당 함수 안에서만 사용됩니다. move() 함수가 불려오면, 파이썬은 move() 함수 안에 dy라는 변수가 있는지 찾습니다. 하지만 dy는 move() 함수 안에 없으니까 파이썬은 dy를 발견하지 못하고 불평하겠지요.

변수 dy를 프로그램의 셋업에서 만들 수도 있습니다. 스크린과 이미지들을 정의하는 곳에서요. 하지만 이것도 잘 안 될 겁니다. 각각의 악당은 자신만의 dy를 가져야 하거든요. 안 그러면 모든 악당이 같은 속도로 내려오게 되니까요. 속도도 매우 급격하게 빨라지겠죠. 파이썬은 move() 함수 안만 살펴보기 때문에 dy를 못 찾고 있는 데도요.

이렇게 해야 합니다.

```
def __init__(self):
    self.x = random.randint(0,570)
    self.y = -100
    self.dy = 0

def move(self):
    self.dy += 1
    self.y += self.dy
```

실행

self.를 dy 앞에 써서 파이썬이 move() 함수 안뿐만 아니라 클래스 전체를 살펴보도록 만듭니다. 이렇게 하면 악당을 여러 마리 만들었을 때, 각각의 악당마다 변수 dy가 만들어집니다. dy는 매 게임 루프마다 특정 값(이 경우에는 0)에서 시작하여 move() 함수에 의해 1씩 증가합니다. 이렇게 쓰면, 악당 한 마리가 스크린 아래로 가속하며 떨어지는 것을 볼 수 있습니다. 상당히 빠른 속도입니다. 그러면 self.dy += 1에서 1을 0.1 같은 수로 바꾸어 속도를 늦춰도 됩니다.

이제 객체를 가속시키는 방법을 알겠지요? 이건 게임에 응용된 물리학입니다. 또 다른 쉬운 예로 중력이 있지요. 이제 점점 빨라지는 악당들을 게임 속에 등장시킬 수 있겠네요!

얘 사탕 가게라도 발견했나 봐.

움직이는 건 다 쏴 버려야 한다는 내 뇌의 원초적인 부분이 사랑과 평화 부분을 모두 다 숨겨 버렸어.

악당들을 쏴서 날려 버리기 전에 스크린 안에 가둬야 합니다. 벽에 부딪히면 안으로 튕겨 나오게요. 안 그러면 스크린 밖으로 날아가 버리니까요. 악당들을 스크린 안에 가두려면 self.dy라는 변수를 만든 것처럼 self.dx라는 변수를 만들어야 합니다. 코드를 좀 정리해 볼까요?

```
def __init__(self):
    self.x = random.randint(0,570)
    self.y = -100
    self.dy = 0
    self.dx = 3

def move(self):
    self.x += self.dx
    self.dy += 1 0.1
    self.y += self.dy
```

self.dx는 __init__() 함수 안에 만들고, 값은 3으로 정했습니다. move() 함수를 보면 self.x가 매 게임 루프마다 self.dx만큼 바뀝니다. 악당들이 만들어지면 매 게임 루프마다 오른쪽으로 3픽셀씩 움직일 것이라는 뜻입니다.

매 게임 루프마다 1픽셀씩 아래로 내려간다는 것도 알 수 있습니다. 매 게임 루프마다 self.y에 self.dy를 더하는데, self.dy는 1로 __init__() 함수에서 정했으니까요.

악당들이 다크 사이드로 가버렸어.

확실하지 않아.

그럼 걔네들이 착해졌다는 거야?
아니면 더 사악해졌다는 거야?

move() 함수에 아래 두 줄을 추가합니다.

```
def move(self):
    if self.x < 0 or self.x > 570:
        self.dx *= -1
    self.x += self.dx
    self.dy += 0.1
    self.y += self.dy
```

실행

벽에 부딪힌 악당들이 밖으로 날아가지 못하고 안으로 튕기게 하려면, 그러니까 x 방향을 반대로 바꾸려면 어떻게 해야 할까요? 왼쪽 벽에 닿을 때는 self.x가 0이고, 오른쪽 벽에 닿을 때는 self.x가 570입니다. 따라서 if self.x<0 or self.x>570:라고 써서 악당이 스크린의 왼쪽이나 오른쪽 벽에 닿았는지를 확인합니다. self.dx가 0보다 작거나 570보다 크면, 반대 방향으로 가게 하기 위해 self.dx에 -1을 곱합니다. 간단하지요.

참고

==이 아니라 <와 >를 쓴 이유는, self.x가 정확히 0이나 570과 일치하지는 않기 때문입니다. 1번에 3픽셀씩 움직이므로, 모서리에 정확히 닿지 않고 조금 넘어가는 경우가 대다수입니다.

위에서 새로 추가한 두 줄을 move() 함수에 넣지 말고, 새로운 함수를 만들어 거기에 넣읍시다. 새 함수의 이름은 bounce() 라고 합시다. bounce() 함수의 위치는 move() 함수 밑이든 위든 상관없습니다.

```
def move(self):
    if self.x < 0 or self.x > 570:
        self.dx *= -1
    self.x += self.dx
    self.dy += 0.1
    self.y += self.dy

def bounce(self):
    if self.x < 0 or self.x > 570:
        self.dx *= -1
```

왜 이렇게 하는 걸까요? 반드시 이렇게 해야만 하는 것일까요? 솔직히 반드시 이래야만 하는 것은 아닙니다. 하지만 코드 한 뭉치를 별도로 분리해 놓으면 전체 코드에서 찾기도, 이해하기도 쉽습니다. 한마디로 깔끔해지죠.

덧붙여, 만약 이렇게 했다면 게임 루프에서 bounce() 함수를 불러와야 합니다. move() 함수와 draw() 함수를 불러왔던 것과 같은 방법으로요.

```
badguy.move()
badguy.bounce()
badguy.draw()
```

실행

함수를 만든 김에, 스크린 바닥에 떨어진 악당을 감지할 장치도 만들어 봅시다. 이 함수는 악당 클래스 안에 씁니다. 악당 클래스 안 어디에 만들어도 상관없습니다. 빗방울에서 만들었던 것과 거의 비슷합니다.

```python
def off_screen(self):
    return self.y > 640
```

악당이 스크린 바닥에 떨어지면 새 악당을 만들어야 합니다. 아래 코드는 while 루프 안, 악당 관련 함수들을 불러오는 부분 밑에 씁니다.

```python
while 1:
(중략)
    badguy.move()
    badguy.bounce()
    badguy.draw()

    if badguy.off_screen():
        badguy = Badguy()
```

badguy는 우리가 만든 악당입니다. 악당들에 대해 off_screen() 함수를 불러와서, 만약 off_screen() 함수가 참값을 돌려주면(self.y가 640보다 크면) 2번째 줄을 실행합니다. 2번째 줄에 있는 badguy = Badguy()는 악당 생성자입니다. 즉, badguy라는 악당 클래스의 인스턴스를 만드는 코드입니다.

우리는 이미 badguy라는 악당 클래스의 인스턴스를 갖고 있습니다. 스크린 바닥으로 떨어진 녀석 말이에요. 사실 파이썬은 새로운 악당을 만들 때 낡은 악당을 쓰레기통에 넣습니다. 그러면 새로운 악당이 스크린 아래로 질주하지요.

> **참고**
>
> 뒤에서는 이렇게 하지 않고 악당들 리스트를 만들 거예요. 악당 한 마리가 스크린에서 사라지면 리스트에서 그 녀석이 삭제되도록 말이지요.

이제 dy와 dx의 값을 조금씩 바꿔 봅시다.

```
def __init__(self):
    self.x = random.randint(0,570)
    self.y = -100
    self.dy = 0 random.randint(2,6)
    self.dx = 3 random.choice((-1,1))*self.dy
```

dy의 값이 게임 루프마다 2에서 6픽셀 사이의 임의의 수가 되도록 정합니다.

dx의 값을 5로 고정하면 오른쪽으로만 가는데, 우리는 왼쪽 또는 오른쪽으로(양수 또는 음수) 가도록 하고 싶습니다. 따라서 dx의 값은 dy의 값에 random.choice() 함수를 사용해서 1 또는 -1 을 곱한 값으로 정합니다. choice() 함수 옆에는 왜 괄호가 두 쌍이냐고요? 괄호 하나는 함수 때문에, 또 다른 하나는 튜플 때문에 썼지요.

> **참고**
>
> dx를 다음과 같은 코드를 사용하여 정할 수도 있습니다.
>
> self.dx = random.randint(-6, 6)
>
> 이렇게 쓰면 self.dx가 1이나 0이 되는 경우가 생깁니다. 그러면 악당은 아래로 수직으로 떨어지거나 아주 조금 왼쪽 또는 오른쪽으로 움직일 뿐이죠. 따라서 이렇게 쓰지 않고 위에서 쓴 대로 random.choice() 함수를 이용하는 것이 좋습니다. random.choice() 함수는 괄호 안에 쓴 수들의 리스트(정확히는 튜플)에서 임의의 숫자를 뽑으니까요. 숫자를 많이 뽑을 수도 있습니다.

> **참고**
>
> self.dx는 self.dy 밑에 썼습니다. 왜냐하면 self.dx는 self.dy를 사용하기 때문입니다. 반대로 쓰면 self.dy를 만들지도 않고 사용하려고 하는 것입니다. 파이썬은 이런 걸 싫어하지요.

키워드

앞에서 append() 함수를 사용하여 리스트에 항목을 추가하고, del을 사용하여 리스트에서 항목을 삭제했습니다. append()는 함수지만 del은 아닙니다. 그러면 del은 무엇일까요? 파이썬에는 키워드^{keywords}라는 것이 있습니다. 예약어^{reversed words}라고도 합니다. while, for, in, del 모두 키워드입니다. 현재 31개가 있는데, 각각 역할이 정해져 있습니다. 이 키워드들은 변수 이름으로 사용할 수 없습니다. 쓰려고 하면 파이썬이 슬퍼할 것입니다.

아래는 현재 사용 중인 키워드들입니다.

and	as	assert	break	class	continue	def	del
elif	else	exec	except	finally	for	from	if
global	import	in	is	lambda	not	or	pass
print	raise	return	try	while	with	yield	

우리가 이미 사용한 키워드도 있고, 앞으로 사용할 키워드도 있습니다.

6장
수천 마리 악당

마이크가 떠난 지도 오래됐어.
뭐 하고 있는지 궁금하네.
용접기랑 그라인더 갖고 갔던데.
나한테 뭐라도 만들어 주려고 하나?
그래. 아마 그럴 거야.
난 시라도 써 줘야 겠다.

앞에서 여러 개의 빗방울을 만들었습니다. 악당도 같은 방법으로 여럿 만듭니다. 클래스는 이미 만들었으니 서로 다른 인스턴스를 다룰 리스트와 while 루프를 만듭시다. 리스트부터 만듭시다. 빗방울에서처럼 악당들을 저장할 리스트입니다. 악당 하나만 만들던 이전 코드(badguy = Badguy())는 지우고 리스트를 만듭니다. 리스트는 소문자로 시작하고 복수형으로 씁니다. 반드시 이럴 필요는 없지만 이렇게 하는 것이 좋습니다. 관행이니까요.

```
badguy = Badguy()
badguys = []
```

while 1: 안의, 함수를 하나하나 불러오던 코드를 지우고, 새로 while 루프를 만들어 그 안에 함수들을 넣습니다.

```
badguy.move()
badguy.bounce()
badguy.draw()
if badguy.off_screen():
    badguy = Badguy()
i = 0
while i < len(badguys):
    badguys[i].move()
    badguys[i].bounce()
    badguys[i].draw()
    if badguys[i].off_screen():
        del badguys[i]
        i -= 1
    i += 1
```

새로 만든 while 루프는 악당 리스트를 돌면서 move(), bounce(), draw() 함수를 불러오고, off_screen() 함수가 참을 돌려주는지 확인하고 참이면 악당을 리스트에서 지웁니다. 빗방울 만들기와 비슷하지요(86쪽). 지금은 실행해도 그냥 텅 빈 화면만 보일 뿐입니다. 아직 악당을 하나도 안 만들었으니까요. 리스트는 텅 비어 있습니다. 이제부터 함께 만들어 봐요.

빗방울에서는 코드를 다음과 같이 썼습니다.

```
raindrops.append(Raindrop())
```

이렇게 쓰면 게임 루프를 돌 때마다 빗방울이 만들어집니다. 하지만 게임 루프 1번당 악당 하나를 만들면 너무 많습니다. 가끔씩 나와야 날려 버리는 즐거움이 있으니까요. 0.5초마다 악당이 나오게 만들어 봅시다.

먼저 time 모듈을 가져와야^{import} 합니다. 프로그램 가장 첫 줄에 썼던, 가져올 모듈 목록에 time을 추가합니다.

```
import pygame, sys, random, time
```

이제 다음 변수를 만듭니다. 마지막 악당이 나온 시각을 기록하는 함수입니다. 이 변수는 프로그램의 셋업에 씁니다.

```
last_badguy_spawn_time = 0
```

자기, 쟤 누구야?

아래 코드 뭉치는 게임 루프 안 끝내기 섹션 아래 넣으면 됩니다.

```
while 1:
    clock.tick(60)
    for event in pygame.event.get():
        if event.type == QUIT:
            sys.exit()

    if time.time() - last_badguy_spawn_time > 0.5:
        badguys.append(Badguy())
        last_badguy_spawn_time = time.time()
    screen.fill((0,0,0))
```
실행

1번째 줄은 현재 시각(time.time())에서 last_badguy_spawn_time을 뺀 값이 0.5보다 큰지 확인합니다. 현재 last_badguy_spawn_time은 0으로 정했으니까 참이겠지요. 참이라면 2번째 줄에서 악당 클래스의 인스턴스를 악당들 리스트에 추가합니다. 빗방울 리스트에 빗방울을 추가한 것처럼요. 그리고 3번째 줄에서 last_badguy_spawn_time을 time.time()으로 정합니다.

게임 루프가 다시 돌면 time.time()은 last_badguy_spawn_time보다 아주 조금만 큰 값이 됩니다. 따라서 1번째 줄은 거짓이 되고, 나머지 두 줄은 무시됩니다.

0.5초 뒤에는 time.time()과 last_badguy_spawn_time의 차는 다시 0.5보다 커지고 새 악당이 만들어져서 리스트에 추가됩니다. 0.5보다 작은 수를 쓴다면 나타나는 악당 수가 늘어나겠지요. 멋지지 않나요?

네가 없을 때 나는 주로
내가 원하지 않는 것들을 나에게 다운로드하려는
다국적 기업과 맞서 싸우고 있어.
마이크도 비슷하지 않을까.

마이크가 또 사라졌어.
뭐하러 갔을까?

프로그램을 실행시키면, 악당들이 겹쳐질 때 끔찍한 검은색 직사각형이 보일 거예요.

악당 하나만 있다면 검은색 배경이든 아니든 상관없지만 지금은 좋지 않게 보이네요. 다음 코드가 필요한 순간입니다. 이 코드는 프로그램의 셋업, badguy_image 코드 바로 밑에 쓰면 됩니다.

```
badguy_image.set_colorkey((0,0,0))
```

실행

set_colorkey() 함수는 이미지에 있는 어떤 특정 색을 투명으로 바꿉니다. 여기서는 검은색을 투명으로 바꾸지요. RGB 코드로 (0, 0, 0)은 검은색입니다. 이제 하늘에서 배후가 보이지 않는 악당들이 폭풍처럼 쏟아지겠군요.

그거 다 뭐야?

이건 내 배경이야.
내가 평소에는 볼 수 없던 것들이지.

Python

7장
미사일을 쏘는 파이터

이제 위로 내리는 비가 필요해.

내가 말한 게 바로 그거야.

너가 말하는 건
매우 빠르고 파괴적인
초현실적 발사체겠지.

파이터fighter 클래스를 후다닥 만듭시다. 언제나 그렇 듯이 이미지가 필요합니다. images 폴더에 넣는 것만 잊 지 마세요. 흰색 배경이므로 투명한 배경을 만들기 위해 컬러키를 흰색으로 정합니다. 아래 코드는 셋업 아무 데 나 넣으면 됩니다.

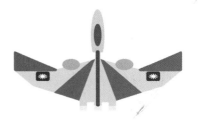

```
fighter_image = pygame.image.load("images/fighter.png").convert()
fighter_image.set_colorkey((255,255,255))
```

지금부터 본격적으로 파이터 클래스를 만들어 봅시다. 악당 클래스 밑에 아래 코드를 추가하세요.

```
class Fighter:
    def __init__(self):
        self.x = 320
    def move(self):
        if pressed_keys[K_LEFT] and self.x > 0:
            self.x -= 3
        if pressed_keys[K_RIGHT] and self.x < 540:
            self.x += 3
    def draw(self):
        screen.blit(fighter_image,(self.x,591))
```

파이터의 x좌표는 일단 320으로 정합니다. y좌표는 항상 591로 고정할 것이므로 draw() 함수 안에 591이라고 (변수가 아닌) 숫자로 씁니다. 591인 이유는 스크린의 높이는 650픽셀이고, 파이 터의 높이는 59픽셀이므로, 파이터가 스크린 아래쪽에 나타나게 하기 위해서입니다.

파이터 클래스의 move() 함수는 파이터를 왼쪽 또는 오른쪽으로 움직입니다. move() 함수 안 의 첫 번째 if 문을 보면, 두 가지 조건이 먼저 충족돼야 다음 줄이 실행되는 것을 알 수 있습니다. 왼쪽 화살표 키가 눌려야 하고, self.x가 0보다 커야 합니다. 파이터가 스크린 밖으로 떨어지는 것 을 막기 위해서입니다. 만약 self.x가 0보다 같거나 작아지면, 두 번째 조건은 거짓을 돌려주고 파 이터는 왼쪽으로 더 이상 가지 않을 것입니다.

두 번째 if 문도 같은 식입니다. 제한은 540입니다. 파이터의 오른쪽 날개 끝이 스크린의 오른쪽 끝에 닿을 때의 파이터의 x좌표는 540이기 때문입니다. 파이터는 너비가 100픽셀이니까요.

키가 눌렸는지 확인하기 위한 눌린 키들 리스트^{pressed_keys}도 만듭니다.

```
while 1:
    clock.tick(60)
    for event in pygame.event.get():
        if event.type == QUIT:
            sys.exit()
    pressed_keys = pygame.key.get_pressed()
```

이제 파이터의 인스턴스를 만듭시다. 파이터 클래스 바로 밑에 씁니다. 들여쓰기는 하지 않습니다.

```
fighter = Fighter()
```

마지막으로 while 1: 루프 안에서 파이터의 move() 함수와 draw() 함수를 부릅니다.

screen.fill() 함수가 실행된 후, draw() 함수를 불러와야 합니다. 그렇지 않으면 스크린이 파이터를 덮습니다. 두 함수는 같이 쓰는 것이 좋습니다. 이제 파이터는 끝났습니다.

```
while 1:
    (중략)
    screen.fill((0, 0, 0))
    fighter.move()
    fighter.draw()
```

실행

난 미사일이 좋아.
매끈하고 빠르고 스크린 위로 날아가지.
붉고 위험한 폭발물로 가득차 있어.
빗방울과는 전혀 다르지.
하지만 문제가 있어.

내 말이.
이름을 좀 멋진 걸로 바꿔야 해.
사이드와인더나 토마호크 같은 걸로.

미사일은 빗방울과 거의 비슷합니다. 왼쪽이나 오른쪽으로 움직이는 객체로부터 발사되고, 수직으로 움직이고, 스크린 밖으로 나가면 삭제돼야 합니다. 미사일 클래스를 봅시다. 파이터 클래스 밑에 만드는 걸 추천하지만 사실 클래스 사이에 아무 데나 만들어도 됩니다.

```python
class Missile:
    def __init__(self,x):
        self.x = x
        self.y = 591
    def move(self):
        self.y -= 5
    def off_screen(self):
        return self.y < -8
    def draw(self):
        pygame.draw.line(screen,(255,0,0),(self.x,self.y),
        (self.x,self.y+8),1)
```

마지막 줄의 코드는 한 줄에 다 쓰기에는 너무 깁니다. 파이썬에서는 새로 줄을 시작하는 것은 새로운 내용이 시작된다는 뜻입니다. 여기에서는 줄바꿈표시 기호 ⏎로 윗줄에서 계속되는 코드라는 것을 알려 주었습니다. 실제 코드에 쓸 필요는 없습니다.

미사일 클래스는 빗방울 클래스와 비슷하지만, 미사일 클래스의 __init__() 함수는 self 외에 오직 1개의 인자, x만을 가집니다. 미사일 발사 장소를 결정하는 x값은 파이터의 좌우 움직임에 따라 바뀝니다. 파이터가 위아래로 움직이지 않으므로 미사일 y좌표의 초기값은 항상 같습니다.

move() 함수는 미사일을 스크린 위쪽으로 쏘아 올립니다.

off_screen() 함수는 미사일이 스크린 위쪽으로 나가면 참값을 돌려줍니다.

아니야.
새 이름이 필요한 게 아니야.
그냥 미사일이라구. 문제는…

알겠다.
자기유도 미사일을 원하는구나.

이제 미사일 리스트를 만듭니다. 미사일을 많이 만들어야 하므로 리스트가 꼭 필요합니다.

```
badguys = []
fighter = Fighter()
missiles = []
```

미사일 리스트를 만든 뒤에는 while 루프가 필요합니다. 미사일 함수들을 불러오고 미사일을 삭제해야 하니까요. 아래 코드는 악당들을 제어하는 루프 밑에 씁니다.

```
while 1:
(중략)
    i = 0
    while i < len(badguys):
    (중략)
        i += 1
    i = 0
    while i < len(missiles):
        missiles[i].move()
        missiles[i].draw()
        if missiles[i].off_screen():
            del missiles[i]
            i -= 1
        i += 1
    pygame.display.update()
```

악당 제어용 while 루프와 매우 비슷하죠? 두 루프 다 i를 사용해도 괜찮습니다. 한 루프 안에서 i를 만들어 쓰고 나면, 다음 루프에서는 0으로 리셋 후 사용하니까요. 서로 간섭하지 않아요.

자기유도 미사일을
어떻게 만드는지는 모르겠지만
두 번째 책이 나올 때쯤이면
만들 수 있을 거야.

자기유도 미사일도
멋지지만,
그게 문제가 아냐.

미사일과 빗방울, 악당의 차이는 무엇일까요? 바로 미사일을 만드는 방법이 다르다는 것입니다. 우리는 미사일 발사를 위해 키key를 사용할 것입니다. 키보드의 특정 키를 누르면 미사일이 발사되게 말이죠. 그러려면 파이터 클래스 안에 미사일을 만들고, 미사일 리스트에 추가하는 함수를 써야 합니다. 게임 루프 안에 발사키가 눌렸을 때 관련 함수를 불러오는 코드도 써야 합니다. 다음 함수를 파이터 클래스 안에 추가합니다.

```
class Fighter:
(중략)
    def fire(self):
        missiles.append(Missile(self.x+50))
```

파이터로부터 발사될 때 미사일 위치는 파이터 위치와 같습니다. fire() 함수를 파이터 클래스 안에 썼으니까요. fire() 함수는 미사일 리스트에 하나의 미사일을 추가합니다. 구름 클래스의 rain() 함수와 거의 같지요. 위 코드의 2번째 줄을 봅시다.

Missiles는 미사일 클래스라는 말입니다. 미사일 클래스의 __init__() 함수 안의 "self" 인자와 관련 있지요.

Missile(self.x+50)은 미사일 __init__() 함수 안의 "x"인자와 관련 있지요. 파이터의 x좌표인 self.x에 50을 더한 것이지요.

이 코드는 rain() 함수보다 조금 더 간단합니다. 미사일은 임의의 위치에서 발사될 필요가 없으니까요. 항상 파이터의 중심에서 발사되지요. 좌표는 파이터의 x좌표에 50픽셀을 더한 값입니다. 파이터는 너비가 100픽셀이거든요.

왜 인자 사이에 쉼표가 없는지 궁금한가요? Missle()은 미사일 생성자입니다. self.x+50은 미사일 생성자의 인자입니다. 미사일 생성자는 append() 함수의 인자입니다. 새로운 객체를 만들 때는 클래스의 __init__() 함수가 요구하는 인자를 갖고 있는 생성자를 사용합니다.

> 참고
>
> fire() 함수를 미사일 클래스에 넣어야 한다고 생각할 수도 있습니다. 결국 발사되는 건 미사일이니까요. 그렇게 할 수 없는 이유는 미사일이 발사되기 전에는 함수를 호출할 미사일 자체가 존재하지 않기 때문입니다.

for 루프 안에 음영 표시된 코드를 추가하세요.

```
for event in pygame.event.get():
    if event.type == QUIT:
        sys.exit()
    if event.type == KEYDOWN and event.key == K_SPACE:
        fighter.fire()
    pressed_keys = pygame.key.get_pressed()
```

실행

앞에서 for 루프로 게임 끝내기를 설명했습니다. 그때는 ⊠ 아이콘을 마우스 클릭하는 이벤트가 있는지 확인했지요. 프로그래밍에서는 마우스 클릭도, 키보드 눌림도 이벤트입니다. 4번째 줄 if문은 키다운KEYDOWN 이벤트를 확인합니다. 키다운은 키보드가 눌림 상태로 바뀌었는지 확인하는 것입니다. 이미 눌린 상태라면 키다운으로 감지할 수 없습니다. 키업KEYUP은 키다운의 반대입니다.

참고

pygame.key.get_pressed() 함수는 키 눌림을 확인합니다.

for event in pygame.event.get():는 키보드 눌림, 마우스 클릭 같은 이벤트 확인 후 이벤트의 리스트를 만듭니다.

4번째 줄 if 문의 첫 번째 조건은 event.type == KEYDOWN입니다. 리스트 안 이벤트 중에 키다운 이벤트가 있는지 물어보는 것입니다. 두 번째 조건은 event.key == K_SPACE입니다. 만약 눌린 키가 있다면 그중에 [Space]가 있는지를 묻습니다.

첫 번째 조건은 생략할 수 없습니다. 생략하면 충돌이 일어나니까요. 두 번째 조건을 생략하면 [Space]가 아닌 아무 키나 눌러도 참이 됩니다.

if 문의 두 조건이 모두 참이면, fighter.fire() 함수가 불려와 미사일이 만들어집니다. 계속 [Space]를 누르고 있어도 미사일은 오직 하나만 만들어집니다. 왜냐하면 키다운 이벤트, 즉 키를 누르는 일은 1번만 일어나기 때문입니다.

많은 게임에서 미사일을 그냥 짧은 선으로 표시하지만, 이미지를 사용할 수도 있습니다. 어떻게 하는지는 이미 알고 있지요?

먼저 이미지가 필요합니다. 웹사이트에서 missile.png 파일을 다운받으세요. 너비가 몇 픽셀밖에 안 되는 이미지는 디테일하게 만들기 어렵습니다. 오른쪽 흑백 이미지는 웹사이트에 있는 것보다 훨씬 디테일합니다. 왜냐하면 출력용이니까요. 프로그램의 셋업에 아래 코드를 추가합니다.

```
missile_image = pygame.image.load("images/missile.png").convert()
missile_image.set_colorkey((255,255,255))
```

미사일 클래스 안의 draw() 함수를 다음과 같이 바꿉니다.

```
class Missile:
(중략)
    def draw(self):
        pygame.draw.line(screen,(255,0,0),(self.x,self.y),(self.x,self.y+8),1)
        screen.blit(missile_image,(self.x,self.y))
```

실행

이 미사일의 너비는 8픽셀입니다. 이렇게 쓰면 미사일 왼쪽 끝이 파이터의 중심에 맞춰집니다. 제대로 정렬하려면 아래같이 고쳐서 미사일의 x좌표를 미사일 너비의 반만큼 왼쪽으로 옮깁니다.

```
def draw(self):
    screen.blit(missile_image,(self.x-4,self.y))
```

실행

더 빠르거나 크거나
다른 색이면 좋겠어?

아니.

Python

8장
악당 처치

그럼 대체 뭐가 문제야?   악당들을 쏘지 않잖아!

앞에서 빗방울과 마이크 사이의 충돌을 감지했습니다. 직사각형 모양의 마이크 이미지와 점 사이의 충돌을 감지하기 위해 pygame.Rect().collidepoint() 함수를 사용했지요. 여기에서는 원과 점들 사이의 충돌을 감지해 봅시다. 이런 걸 해 주는 함수는 없기 때문에 수고스럽게 직접 만들어야 하지만, 다행스럽게도 그리 힘들진 않습니다. 악당들을 직사각형이라고 생각하고 Rect.collidepoint() 함수를 사용해도 됩니다. 그러면 아래와 같은 코드가 되겠지요.

```python
def touching(self,missile):
    return pygame.Rect((self.x,self.y),(70,45)).collidepoint(missile.x,missile.y)
```

하지만 새로운 것을 배워야 하니까 악당들을 원이라고 가정합시다. 아래 코드는 악당을 원으로 취급하고, 미사일이 원에 닿는지 확인하는 함수입니다. 악당 클래스 안에 씁니다.

```python
class Badguy:
(중략)
    def touching(self,missile):
        return (self.x+35-missile.x)**2+(self.y+22-missile.y)**2 < 1225
```

먼저 touching() 함수가 미사일을 인자로 갖는다는 사실에 주목하세요. 이 인자는 함수가 불려올 때 주어집니다. 이 함수는 미사일 리스트를 도는 while 루프 안에서 불려옵니다. 따라서 이 인자는 함수가 불려올 때 while 루프가 다루던 미사일입니다. 그런데 우리는 악당을 원으로 취급할 생각입니다. 악당의 중심과 미사일 사이의 거리가 35픽셀보다 작으면 이 함수는 참값을 돌려줍니다. 왜 그러냐고요? 다음 쪽에서 피타고라스 정리를 사용해 자세히 설명하겠습니다.

1225는 35의 제곱입니다. 코드에 그냥 35**2라고 써도 괜찮지만, 우연히도 우리는 35^2이 1225임을 알고 있습니다. **2는 파이썬에서 제곱을 표시하는 방법입니다.

피타고라스 정리

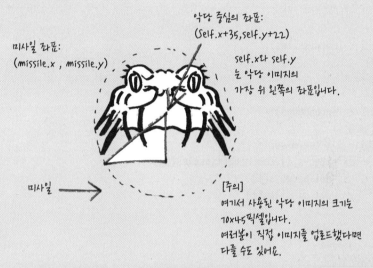

미사일 좌표:
(missile.x , missile.y)

악당 중심의 좌표:
(Self.x+35, self.y+22)

self.x와 self.y
는 악당 이미지의
가장 위 왼쪽의 좌표입니다.

미사일 →

[주의]
여기서 사용된 악당 이미지의 크기는
70×45픽셀입니다.
여러분이 직접 이미지를 업로드했다면
다를 수도 있어요.

피타고라스 정리로부터 A^2은 $B^2 + C^2$이 됨을 알 수 있습니다. A가 악당을 둘러싼 원의 반지름보다 작으면 미사일이 악당에 닿은 것입니다. 원의 반지름은 35픽셀입니다. 이 말은 A^2이 1225(즉, 35^2)보다 작다는 것입니다. 따라서 $B^2 + C^2$도 1225보다 작아야 합니다.

B는 (self.x + 35) - missile.x입니다.
C는 (self.y + 22) - missile.y입니다.

따라서 $((self.x + 35) - missile.x)^2 + ((self.y + 22) - missile.y)^2$이 1225보다 작으면 미사일이 악당에 닿은 것입니다.

사실 수학 선생님은 여러분이 언젠가 침략자 외계인 함대와 전쟁을 벌일 거란 걸 알고 있었답니다. 그래서 피타고라스 정리를 학교에서 가르치는 것이지요.

게임 루프 안에서 악당과 미사일을 움직이고 그리는 두 코드 뭉치 아래 다음 코드를 씁니다.

```
while 1:
(중략)
    i = 0
    while i < len(missiles):
    (중략)
        i += 1
    i = 0
    while i < len(badguys):
        j = 0
        while j < len(missiles):
            if badguys[i].touching(missiles[j]):
                del badguys[i]
                del missiles[j]
                i -= 1
                break
            j += 1
        i += 1
    pygame.display.update()
```

실행

루프 안에 루프가 있지요? 악당이 미사일에 맞았는지 하나하나 확인하는 코드입니다. 악당 리스트의 첫 번째 악당(악당번호 i)부터 시작하지요. j 루프는 모든 미사일 위치와 악당이 미사일에 맞았는지를 확인하고, i로 갔다가 다시 돌아요. i 루프 안에 j 루프가 여럿 있는 셈입니다. 악당이 미사일에 맞으면 둘 다 삭제하고 다음 악당으로 넘어가지만, 아니라면 그냥 다음 악당을 확인합니다.

미사일과 악당을 삭제했다면 더 이상 존재하지 않으니 찾아볼 필요도 없습니다. 따라서 j 루프를 멈춰야 합니다. 그다음엔 i에 1을 더해 처음으로 돌아갑니다. 스크린 어딘가에서 악당이 미사일에 맞았을지도 모르거든요. 루프를 멈추기 위해서 break 문을 사용합니다. 어차피 j 루프의 시작 지점으로 돌아가서 다시 시작하니까 j 루프에서는 1을 빼지 않아도 됩니다.

악당과 미사일 리스트에 각각 5개의 항목이 들어 있고, 2번악당에 2번미사일이 닿았다고 해 봅시다. break 문이 우리를 j 루프 밖으로 토해내기 때문에 다음 코드는 i += 1이어야 합니다. 그럼 다음 i 루프는 새로운 2번악당을 다루겠지요. 반면 j 루프는 0부터 다시 시작할 테고, 리스트의 모든 미사일은 지난번보다 1만큼 줄었겠지요. 새로운 미사일을 방금 발사하지 않았다면요.

9장

점수 확인

내가 말하면 이렇게 하늘에 글로 나타날 뿐이지.
그건 상관없지만
내 목소리가 시스템 기본 폰트로
표시되는 건 싫어.
진짜 게을러 보이잖아.

걱정 마.
네 딸은
백종열펜 폰트로
표시되고 있으니까.

아래 두 줄을 프로그램의 셋업에 넣습니다.

```
score = 0
font = pygame.font.Font(None,20)
```

1번째 줄은 점수^{score}라는 변수를 만듭니다. 2번째 줄은 변수를 표시할 폰트^{font}를 만들고요. 2번째 줄은 파이게임 모듈에 이어 그 안의 font 모듈을 찾고, font 모듈 안에서 다시 폰트^{Font} 클래스를 찾습니다. 폰트 클래스는 폰트를 고르기 위해 쓰는 것이 아닙니다. "None"이라고 써서 파이게임한테 시스템 기본 폰트를 고르라고 시키는 거지요. "20"은 폰트의 크기입니다.

> **참고**
>
> comic sans ms같은 특정 폰트를 선택하고 싶으면 다음과 같이 쓰면 됩니다.
>
> font = pygame.font.SysFont("comicsansms", 20)
>
> 운영체제 안에는 많은 기본 폰트가 들어 있습니다. 폰트 종류를 알아보려면, 파이썬 쉘(IDLE을 실행시키면 보이는 창)에서 import pygame을 입력하세요. 다음 화살표가 나타나면 pygame.font.get_fonts() 를 입력하고 **Enter**를 누르세요. 사용 가능한 폰트 목록을 볼 수 있습니다.

📄 Python 3.6.5 Shell

```
Python 3.6.5 (v3.6.5:f59c0932b4, Mar 28 2018, 17:00:18 [MSC v.1900 64 bit (AMD64)] on win32 Type "copyright".
"credits" or "license()" for more information.
>>> import pygame
>>> pygame.font.get_fonts()
['arial', 'arialblack', 'bahnschrift', 'calibri', 'cambriacambriamath', 'cambria', 'candara', 'comicsansms',
'consolas', 'constantia', 'corbel', 'couriernew', 'ebrima', 'franklingothicmedium', 'gabriola', 'gadugi',
'georigia', 'impact', 'inkfree', 'javanesetext', 'leelawadeeui', 'leelawadeeuisemilight', 'lucidaconsole',
'lucidasans', 'malgungothic', 'malgungothicsemilight', 'microsofthimalaya', 'microsoftjhengheimicrosoftjhengheiui'
```

점수 변수를 만들고 '점수'라는 글자를 쓸 때 사용할 폰트도 만들었습니다. 이제 악당 클래스 안에 score() 함수를 만들겠습니다. 악당 클래스 안의 함수들 아래 다음 코드를 추가합니다.

```
class Badguy:
(중략)
    def score(self):
        global score
        score += 100
```

점수를 악당 클래스에 넣는 이유가 뭐냐고요? 점수는 파이터 클래스 안에 있어야 하는 거 아니냐고요? 점수는 파이터와 아무 상관없습니다. 점수는 악당이 삭제될 때 바뀝니다. 악당이 죽으면 점수가 바뀌지요.

2번째 줄의 global score는 뭘까요? 함수 안에서 변수를 바꾸면 파이썬은 해당 함수 안에서만 변수를 찾습니다. 함수에 self가 들어 있으면 해당 클래스 안에서만 찾지요. 하지만 가끔은 클래스나 함수 밖에서 만든 변수를 쓸 필요가 있습니다. 위 점수 변수는 악당 클래스 밖에서도 필요합니다. 따라서 앞에 global전역 이라는 단어를 붙였습니다. 그러면 파이썬은 점수 변수가 클래스나 함수 밖 프로그램의 어딘가에 또 있다는 걸 알게 되고, 그것을 찾으러 느릿느릿 움직이겠지요. global을 쓰지 않으면, 함수 밖은 찾아보지도 않을 테지만요.

'점수를 __init__() 함수 안에서 만들고, 여기 score() 함수 안에서 self.score를 사용해도 되지 않나?' 생각했나요? 아쉽지만 불가능합니다. __init__() 함수 안에 이미 특정 악당을 만들었으니까요. 점수는 전체 게임 안에서 올라가야 하는데, 특정 악당을 죽일 때만 점수가 올라가면 안 되겠지요. 그래서 global이라고 쓴 거랍니다.

마지막 줄은 score() 함수가 불려갈 때마다 점수를 100씩 증가시키는 코드입니다.

미사일이 악당에게 닿을 때마다 score() 함수를 불러와야 하므로 아래같이 미사일과 악당의 충돌을 감지하는 루프 안에서 부릅니다.

```python
i = 0
while i < len(badguys):
    j = 0
    while j < len(missiles):
        if badguys[i].touching(missiles[j]):
            badguys[i].score()
            del badguys[i]
            del missiles[j]
            i -= 1
            break
        j += 1
    i += 1
```

악당을 삭제하기 전에 score() 함수를 불러야 합니다. 그렇지 않으면 score() 함수를 부를 악당이 없으니까요.

점수가 생기니 좋다.
외계인을 얼마나 맞혔는지 모르면
게임을 할 이유가 없잖아?

정말 그래. 걔네가 이겼을 때
걔네 애들을
나보다 네가 더 많이 죽였다는 걸
알아야겠지.

계산한 점수를 스크린에 나타내려면 다음을 가장 아래 줄 바로 위에 추가해야 합니다.

```
screen.blit(font.render("Score: "+str(score),True,(255,255,255)),(5,5))
pygame.display.update()
```

실행

어떤 것을 화면에 표시한다는 것은, 그것의 이미지를 만드는 것과 같습니다. screen.blit() 함수를 써서 점수 이미지를 만듭니다. blit() 함수는 표시할 객체(여기서는 텍스트)와 표시할 위치라는 2개의 인자를 필요로 합니다. 표시할 객체는 font.render() 함수에 있지요. 우리가 앞에서 정한 서체로 점수를 표시할 거예요.

blit() 함수의 첫 번째 인자 **font.render()** 함수는 3개의 인자를 갖습니다.

첫 번째 인자 **"Score: "+str(score)**는 표시할 대상입니다. 우리는 2개를 표시하려 합니다. 첫 번째는 따옴표 안에 들어 있는 텍스트, "Score: "(공백 포함)입니다.

Score라고 쓴 다음에는 실제 점수 변수의 값을 표시하고 싶습니다. 하지만 점수 변수는 숫자입니다. 숫자를 표시render하려 하면 오류가 나니까 str(score)로 점수 변수의 값을 문자열string(다음 쪽 참고)로 바꿉니다. + 기호는 2개의 문자열("Score: "도 문자열입니다.)을 합쳐 하나의 긴 문자열로 만들라는 뜻입니다.

두 번째 인자 **True**는 안티 앨리어싱antialiasing 하라는 뜻입니다. 안티 앨리어싱은 스크린에 문자가 표시될 때 뾰족한 끝을 둥글리는 기법입니다.

세 번째 인자 **(255,255,255)**는 텍스트의 색을 정합니다. 지금은 흰색으로 정했습니다.

blit() 함수의 두 번째 인자인 **(5, 5)**는 텍스트의 위치를 정합니다. (blit() 함수의 첫 번째 인자는 font.render() 함수였습니다.) 위치는 가장 위 왼쪽의 좌표를 말합니다. 따라서 텍스트의 가장 위 왼쪽의 좌표는 (5, 5)입니다.

문자열

　　수학 선생님처럼, 파이썬도 우리가 문자와 숫자를 더하려 하면 싫어합니다. 숫자와 숫자의 합은 파이썬도 이해합니다. 3+4를 입력하면 7이라고 답하지요. 문자와 문자도 더할 수 있습니다. "사랑" + "스러운"를 입력하면 '사랑스러운'이라고 답합니다. 하지만 문자와 숫자를 더하려고 하면 발끈합니다.

　　문자^{character}를 나열하면, 단어든 의미 없는 글자의 조합이든 문자열^{string}로 취급됩니다. 문자열은 항상 따옴표 안에 씁니다. 그러면 합칠 수 있습니다. "qwerty" + "asdf"는 'qwertyasdf'입니다. 파이썬 쉘에서 해 보세요.

　　가끔은 숫자처럼 보이지만 실제로는 문자인 숫자가 필요할 때도 있습니다. 이럴 때 str()라는 함수를 씁니다. 이 함수는 숫자를 문자열로 바꿔 줍니다. 75+75는 150이지만, str(75)+str(75)는 "7575"입니다.

　　score가 57이면, str(score) + "75" 는 5775입니다. 75를 따옴표 안에 써서 문자열로 바꾸었습니다.

　　단지 "score"라고 쓴다고 해서 57이 문자열로 바뀌는 것은 아닙니다. 이렇게 하면 변수 이름이 문자열로 바뀌게 돼 score라는 단어가 표시됩니다.

　　str(score) + 75 라고 쓰면 에러가 날 것입니다. 왜냐하면 숫자에 문자열을 더할 수 없기 때문입니다.

　　"Score: " + str(57)이라고 입력하면 Score: 57이라고 표시될 것입니다. 2개의 문자열을 더했기 때문입니다. "Score:" + "57"이라고 입력하면 마찬가지로 Score: 57이라고 나올 테고요.

　　파이썬 쉘에서 여러 가지로 실험해 보기 바랍니다. 쌍따옴표를 쓰든 홑따옴표를 쓰든 그건 상관없습니다. 일치시키기만 하면 됩니다.

10장
게임 오버

우린 항상 측정되고 분석되지.
여기에서는 퍼센트. 저기에서는 등급.
사회의 리더들, 어른들, 친구들의 변덕에 따라 평가되고
등급이 매겨지지. 우린 걸어다니는 통계 덩어리야.
하지만 인생은 숫자가 아니야.
인생은 얼굴에 떨어지는 햇빛의 감촉,
언덕을 빠르게 뛰어내려올 때의 스릴,
옆 사람에게 거짓말할 때
심장이 뛰는 소리 같은 것들이지.

그래서 이 게임 어때?

83% 만족.

아직 게임이 완성되지 않았습니다. 악당, 미사일, 점수, 파이터까지 만들었지만 게임 오버 상황은 아직 만들지 않았으니까요. 악당이 파이터에 닿으면 게임이 끝나도록 만듭시다. 지금부터 악당과 파이터가 닿았는지를 감지하는 함수를 만들 것입니다. 이 함수는 파이터 클래스 안에 씁니다.

```
class Fighter:
(중략)
    def hit_by(self,badguy):
        return (
            badguy.y > 546 and
            badguy.x > self.x - 70 and
            badguy.x < self.x + 100
            )
```

코드를 쓴 방식이 조금 이상한 것 같다고요? 다음 쪽에서 이유를 설명하겠습니다. 일단 위 코드는 딱 두 줄이예요. 1번째 줄은 def로 시작하고, 2번째 줄은 return으로 시작합니다. 2번째 줄에는 3개의 조건이 들어 있습니다. 세 조건이 모두 참일 경우에만 참값을 돌려주라는 뜻입니다.

첫 번째 조건은 badguy.y > 546입니다. 이 말은 악당의 y좌표가 546보다 커야 한다는 말입니다. 왜 546일까요?

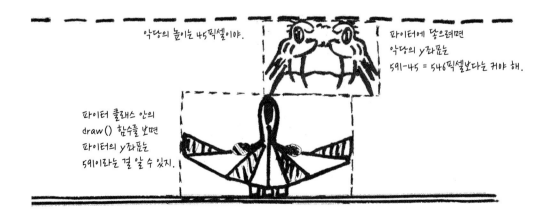

줄 나누기

화면 밖으로 코드가 빠져나가지 않게 길이를 줄이려면, 괄호 안에서 나눠 써야 합니다. 파이썬이 괄호 안의 모든 것이 한 줄의 코드라는 것을 알기 때문입니다. 예를 들어 봅시다.

```
def draw(self):
    pygame.draw.line(screen,(255,0,0),(self.x,self.y),(self.x,self.y+8),1)
```

코드가 길어져서 줄이 바뀌는 경우 파이썬은 들여쓰기를 무시하므로 다음과 같이 써도 됩니다.

```
def draw(self):
    pygame.draw.line(screen,(255,0,0),(self.x,self.y),
    (self.x,self.y+8),1)
```

다른 방법으로는, 연산자operator 앞이나 뒤에 역슬래시back slash를 쓰기도 합니다. 역슬래시 뒤는 띄어쓰기 하지 마세요.

```
y = 3+4+\
    5+6
```

파이썬 개발자들은 보통 괄호를 추가하지요.

```
y = (3+4+
    5+6)
```

깔끔해 보이라고 이렇게 쓰기도 합니다. 이 코드들은 여러분의 텍스트 편집기에서는 한 줄로 보일 수도 있습니다. 하지만 실제로 코드를 이렇게 쓰기도 합니다. 읽기 쉬우라고요.

```
return (
    condition A and
    condition B and
    condition C
    )
```

두 번째 조건은 badguy.x > self.x - 70입니다.

마지막 조건은 badguy.x < self.x + 100입니다.

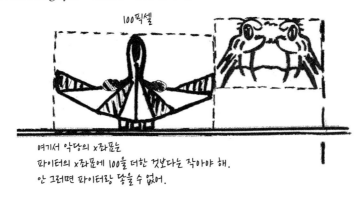

세 조건이 모두 참이면, 악당은 파이터에 닿습니다. 이때 hit_by() 함수는 참값을 돌려줍니다.

세 조건이 모두 참이지만 악당이 파이터 아래에 있는 경우도 있습니다. 악당이 스크린 바닥으로 떨어져 off_screen() 함수에 의해 삭제되는 경우 말입니다. 만약 off_screen() 함수가 없다면, 파이터의 아래쪽과 악당의 위쪽이 겹치는지 확인하는 4번째 조건을 추가해야 했을 것입니다.

> **참고**
> 2개의 직사각형의 충돌을 감지하는 함수가 있습니다. pygame.Rect.colliderect() 함수입니다. 이 함수는 나중에 사용하겠습니다. 솔직히 이 함수를 써도 시간이 크게 절약되지는 않지만, 이해를 돕고자 이렇게 하는 것뿐입니다

세 조건이 모두 참이지만 악당이 파이터와 닿지 않은 경우도 있습니다.

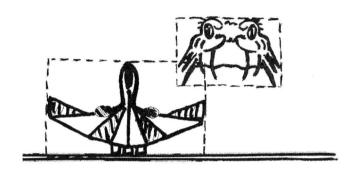

위 그림같이 이미지를 둘러싼 직사각형은 서로 겹치지만 실제 이미지는 겹치지 않습니다. 파이썬은 이것을 닿았다고 보겠지만 게임 플레이어는 동의하지 않을 거예요.

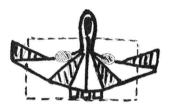

우리는 간단히 만들기 위해 파이게임의 직사각형 시스템을 사용했습니다. 이미지가 실제로 겹치는지 알아내는 것은 이 책의 범위를 벗어나거든요. 간단히 고치려면 파이터의 직사각형을 오른쪽 그림과 같이 줄이면 됩니다. 그러면 함수에 쓴 숫자들도 조금 바꾸어야 합니다.

```
class Fighter:
(중략)
    def hit_by(self,badguy):
        return badguy.y> 546 585 and badguy.x > self.x - 70 55 and badguy.x < self.x + 100 85
```

이렇게 고치면 오른쪽 그림 같은 상황도 안 닿은 것으로 간주됩니다. 이 정도는 괜찮습니다. 어떤 게 좋을지 스스로 결정해 보세요. 또 다른 해결법은 파이터나 악당을 직사각형에 가깝게 그리는 것입니다.

악당이 파이터와 닿았는지 알려 주는 함수를 만들었으니 사용해 봅시다.

```
screen.blit(font.render("Score: "+str(score),True,(255,255,255)),(5,5))

for badguy in badguys:
    if fighter.hit_by(badguy):
        while 1:
            for event in pygame.event.get():
                if event.type == QUIT:
                    sys.exit()
            pygame.display.update()

pygame.display.update()
```

실행

음영 표시된 부분의 1번째, 2번째 줄은 악당들 리스트에서 악당이 있는지 찾아서, 우리가 방금 만든 fighter.hit_by() 함수를 불러옵니다. 만약 hit_by() 함수가 거짓값을 돌려주면, 즉 악당이 파이터에 닿지 않았다면, 프로그램은 리스트에서 다음 악당을 가져와 다시 확인합니다. 모든 악당에 대해 거짓이면, 게임 루프는 이 코드를 무시하고 게임을 진전시킵니다.

하지만 만약 hit_by() 함수가 참값을 돌려주면 while 루프 안으로 들어가게 됩니다. while 1:로 무한 루프를 시작하지요. while 루프는 게임 루프 안에서 무한 반복됩니다. 아무것도 하지 않는 작은 원을 계속 돌지요. 그러면 스크린 위에서는 게임이 멈춘 것처럼 보입니다. 악당에 닿으면 게임이 그냥 멈춰 버리는 거예요. 이 while 루프에서 벗어나려면 끝내기 버튼 ❌을 누르는 수밖에는 없습니다. while 루프 안의 코드들이 낯익지 않나요? 화면을 새로 고침하고 while 루프를 끝내도록 합니다.

뭔가 이상하다고요? 너무 간단한 거 아니냐고요? 만약 여러분이 닌텐도에서 일한다면 이렇게 하면 안 되겠지요. 하지만 지금 우리는 쓰기 편하고 잘 돌아가기만 하면 됩니다. 게임이 너무 쉽다 싶으면, 악당의 속도를 올리거나 악당이 만들어지는 간격을 줄여서 수를 늘려 보세요. 이제 게임 오버 스크린과 최종 점수를 추가해 봅시다.

게임 오버 이미지 파일은 웹사이트에서 다운받을 수 있습니다. 너비는 300픽셀이고 높이는 244
픽셀입니다. 직접 만들어도 됩니다.

자 그림, 일단 이미지를 저장할 변수를 만들어 봅시다. 아래 코드를 다른 이미지 변수들과 같이
프로그램 셋업에 씁니다.

```
GAME_OVER = pygame.image.load("images/gameover.png").convert()
```

전쟁에서 죽는 건
영광스러운 죽음이지.

사람들이 널 영원히 잊지 않을 거야, 마이크.
너의 전사한 시체가
픽셀 먼지로 사라져도.

게임 오버 이미지 표시 코드는 파이터와 악당이 스칠 때 실행돼야 합니다. 하지만 우리가 방금 만든 while 루프에 빠져 버리기 전이어야겠지요.

```
for badguy in badguys:
    if fighter.hit_by(badguy):
        screen.blit(GAME_OVER,(170,200))
        while 1:
            for event in pygame.event.get():
                if event.type == QUIT:
                    sys.exit()
            pygame.display.update()
```

GAME_OVER 변수에 저장한 이미지를 (170, 200)에 표시합니다. 그런데 게임 오버 이미지 위에 숫자도 표시해야 합니다. 전체 발사 횟수, 맞힌 수, 못 맞힌 수, 정확도, 점수 등을 표시해야 하지요.

너 아직도 영광스럽게 죽고 싶니?

생각해 보니 안되겠어.

게임 오버

이미 점수score 변수는 있으니 발사 횟수total shots, 맞힌 수hits, 못 맞힌 수misses 등을 추가합시다. 정확도accuracy는 다른 변수를 계산해 만들 수 있기 때문에 신경 쓰지 않아도 됩니다. 프로그램의 셋업, 점수 변수를 표시한 부분(score = 0) 아래 다음 코드를 추가하세요.

```
shots = 0
hits = 0
misses = 0
```

이제 프로그램을 살펴보면서 변수들 업데이트 코드를 추가합시다. 점수 변수에 대해서는 이미 만들었지요.

먼저 발사 횟수를 봅시다. 이 변수는 미사일이 발사될 때마다 1씩 증가해야 합니다. 따라서 파이터 클래스에 있는 fire() 함수에 코드를 한 줄 추가해야 합니다. 145쪽에서 봤던 global 기억나나요? fire() 함수한테 발사횟수shots는 global전역 변수라는 것을 알려 줘야 합니다.

```
class Fighter:
(중략)
    def fire(self):
        global shots
        shots += 1
        missiles.append(Missile(self.x+50))
```

 참고

여기서는 발사 횟수를 fire() 함수 안에 넣었지만, 게임 루프 안에서 미사일 발사 버튼을 눌렀는지 감지하는 곳에 넣어도 됩니다. 거기에 넣으면 global이라고 안 써도 됩니다. 왜냐하면 함수 안에 쓴 게 아니기 때문입니다. 두 가지 방법 모두 좋습니다.

통계의 87%는 조작된 거야.

맞힌 수^{hits}는 미사일이 악당을 맞혔을 때 사용됩니다. 따라서 미사일과 악당 사이의 충돌을 감지하는 루프 안에 씁니다.

```python
i = 0
while i < len(badguys):
    j = 0
    while j < len(missiles):
        if badguys[i].touching(missiles[j]):
            badguys[i].score()
            hits += 1
            del badguys[i]
            del missiles[j]
            i -= 1
            break
        j += 1
    i += 1
```

badguys[i].score() 바로 밑에 hits += 1 이라고 썼습니다. 두 코드는 같은 일을 서로 다른 방식으로 합니다. 맞힌 수는 1씩 증가하지만, 점수는 100씩 증가합니다. 맞힌 수도 점수처럼 함수를 만들어도 괜찮습니다. 아니면 점수를 맞힌 수처럼 만들어도 됩니다. 마지막에 점수를 100으로 나누어 맞힌 수를 구할 수도 있습니다. 세 방법 모두 가능합니다. 앞에서도 말했지만 작동만 한다면 원하는 대로 해도 됩니다.

그런데 점수를 함수로 만든 데는 이유가 있습니다. 나중에 다른 종류의 악당을 추가할 수도 있기 때문입니다. 악당 타입2, 타입3처럼 말이죠. 악당 타입2를 죽이면 점수가 다르게 올라가도록 할 수도 있습니다. 점수와 맞힌 수를 분리하면, 나중에 점수를 이리저리 바꿔 볼 자유가 생기는 셈입니다. 하나의 클래스로 비슷하지만 완전히 똑같지는 않은 객체를 만드는 방법은 나중에 다룰 것입니다.

이제 못 맞힌 수^{misses}를 봅시다. 미사일 삭제 코드 바로 아래 추가합니다.

```
while i < len(missiles):
    missiles[i].move()
    missiles[i].draw()
    if missiles[i].off_screen():
        del missiles[i]
        misses += 1
        i -= 1
    i += 1
```

발사된 미사일이 악당을 맞추지 못하고 스크린 위로 빠져나갈 때마다, 못 맞힌 수에 1을 더합니다. 맞힌 수에서처럼 새로 함수를 만들 이유도 없고, 코드가 추가되는 함수도 없습니다.

off_screen() 함수는 미사일이 발사될 때만 실행되는 것은 아닙니다. 모든 게임 루프에서 모든 미사일에 대해 1번씩 실행됩니다. 따라서 off_screen() 함수가 참값을 돌려줄 때만 못 맞힌 수에 1을 더하도록 했습니다.

어, 돌아왔네?

멋져.

응. 난 이제 사람을 먹는 좀비야.

이제 이 변수들에 저장된 숫자를 게임 오버 이미지 위에 표시합시다. 아래 코드를 screen.blit(GAME_OVER) 코드 밑, 게임을 얼려 버리는 while 루프 위에 씁니다. 가장 아래 있는 for 루프 안입니다.

```
screen.blit(GAME_OVER,(170,200))

screen.blit(font.render(str(shots),True,(255,255,255)),(266,320))
screen.blit(font.render(str(score),True,(255,255,255)),(266,348))
screen.blit(font.render(str(hits),True,(255,255,255)),(400,320))
screen.blit(font.render(str(misses),True,(255,255,255)),(400,337))
screen.blit(font.render(str(100*hits/shots)+"%",True,(255,255,255)),(400,357))

while 1:
```

실행

위 코드로 각각의 숫자가 스크린 어디에 표시되는지 알 수 있습니다. 점수 표시할 때 본 적 있는 코드지요? 게임 오버 이미지의 단어들과 어울리도록 숫자들을 정확한 좌표에 놓아야 합니다.

네 줄은 각각 발사 횟수, 점수, 맞힌 수, 못 맞힌 수를 표시합니다. 이 값들은 변수로부터 바로 가져옵니다. 마지막 줄은 정확도를 나타냅니다. 정확도 변수는 따로 만들지 않았지만, %로 나타낸 정확도는 맞힌 수를 발사횟수로 나눈 다음 100을 곱하여 구합니다.

마지막 줄은 2개의 문자열을 합치는 코드입니다. 두 번째 문자열은 % 표시입니다.

> 참고
>
> 무한등비급수infinite geometrical series는 등비수열의 각 항을 +기호로 연결한 것을 말합니다.

앞쪽의 코드를 실행시키면 정확도가 16자리 소수점으로 표시되는 것을 볼 수 있습니다. 이건 너무 많지요. 그러니 소수 첫째자리까지만 표시되도록 고쳐봅시다.

```
screen.blit(font.render(str(100*hits/shots)+"%",True,(255,255,255)),(400,357))
screen.blit(font.render("{:.1f}%".format(100*hits/shots),True,(255,255,255)),(400,357))
```

정확히 설명하기는 어렵지만 간단히 말하자면, % 스타일 포맷 코드를 { } 사이에 넣어서 format() 함수 안에 있는 정보를 어떻게 표시할지 알려 주는 거랍니다. 즉, format() 함수에게 주어진 인자를 { } 안에 주어진 지시대로 표시하는 거지요.

다른 기호도 추가할 수 있어요. 이 경우에는 % 표시를 추가했지요. { }에 %를 붙인 것은 문자열이 됩니다. 문자열이니까 " " 사이에 넣었지요. { } 안에 있는 .1은 format() 함수한테 소수 첫째자리까지만 표시하라는 뜻이에요. .2라고 쓰면 소수 둘째자리까지 표시하겠지요. f는 실수float라는 뜻입니다. 실수는 소수점이 있는 수이지요. (정확한 수학적 정의는 조금 더 복잡합니다.) f를 써서 파이썬한테 정수가 아니라 실수라고 알려 주는 거예요. 파이썬 3.x.x 버전에서는 항상 실수값으로 계산해 주니까 반드시 필요한 건 아니지만요. 그래도 나중에 중요해질 거니까 항상 쓰는 습관을 들이세요.

파이썬에서는 이런 식으로 반올림을 할 수 있습니다. 지금은 이해가 안돼도 괜찮아요. 하지만 반올림 할 일이 생기면 이렇게 한다는 것만 알아두세요.

어떤 수를 0으로 나눌 수 없습니다. 따라서 만약 발사 횟수가 0일 때 악당과 닿으면 에러가 발생합니다. 파이썬은 비명을 지르며 무너질 것입니다. 이 문제를 해결하기 위해, 맨 끝에 있는, 정확도를 계산하는 screen.blit() 코드를 다음 코드로 바꿉니다.

```
screen.blit(font.render("{:.1f}%".format(100*hits/shots),True,(255,255,255)),(400,357))
if shots == 0:
    screen.blit(font.render("--",True,(255,255,255)),(400,357))
else:
    screen.blit(font.render("{:.1f}%".format(100*hits/shots),True,(255,255,255)), (400,357))
```

실행

이제 발사 횟수가 0이 되더라도 그 성가신 식은 더 이상 나오지 않을 것입니다. 대신 파이썬은 "—"를 출력하겠지요.

이제 우주 침략자 게임 만들기가 끝났습니다. 게임을 플레이해 보세요.

Part
2

퐁 게임

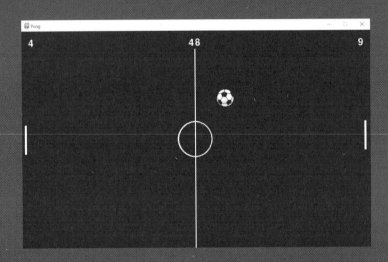

퐁 게임

간단한 2인용 공 게임을 만들어 봅니다. 배트를 움직여 임의의
방향으로 움직이는 공을 때려 봅시다.

11장

게임을 바꾸자

우리 우주 침략자 게임
너무 많이 하는 거 같지 않아?

그런 거 같아. 나 요새 꿈도 꿔.

나도 그래. 침략자들이 하늘에서
끝도 없이 떨어져서
계속 쏴야 돼.

내 꿈에선 최후의 전쟁이 끝난 상태야.
아이들이 오들오들 떨면서
총질해서 불타버린 파이터의 잔해 위를 뛰어다니거나
죽은 지 오래된 개의 골수를 빨아먹지.
좀비 같은 생명체가 어둠 속을 헤매이며
썩어가는 피부를 뜯어내는 고통에 소리지르지.
무너져 가는 벽에 이상한 외계어 낙서가 적혀 있지만
누가 쓴 건지 아무도 몰라.
낡은 성당의 무너진 잔해를 헤집고 다니는 노인들을
가까이서 보면 삼대 애들이야.
태양은 날카로운 방사능 먼지 구름 뒤에
가려져 있지.

어, 그래.
너 나가서 테니스라든지
뭘 다른 걸 좀 해야겠다.

퐁 게임 할 사람?

퐁 게임의 기본 코드입니다. 대부분 앞에서 봤던 것이지요? 앞에서 다루지 않은 코드 위주로 설명할게요. 그 후 게임을 보다 재미있게 만들 새로운 테크닉을 소개하겠습니다. 지금은 위아래로 움직이는 배트와 계속 같은 방향으로 움직이는 공만 있으니까요. 충돌 감지도 아직 없지요.

새 파일

```
   pong.py
1  import pygame, sys
2  from pygame.locals import *
3  pygame.init()
4  pygame.display.set_caption("Pong")
5  screen = pygame.display.set_mode((1000,600))
6  clock = pygame.time.Clock()
7  ball_image = pygame.image.load("images/ball.png").convert_alpha()
8
9  class Bat:
10     def __init__(self,ctrls,x):
11         self.ctrls=ctrls
12         self.x=x
13         self.y=260
14
15     def move(self):
16         if pressed_keys[self.ctrls[0]] and self.y > 0:
17             self.y -= 10
18         if pressed_keys[self.ctrls[1]] and self.y < 520:
19             self.y += 10
20     def draw(self):
21         pygame.draw.line(screen,(255,255,255),(self.x,self.y),(self.x,self.y+80),6)
22
23  class Ball:
24     def __init__(self):
25         self.dx=12
26         self.dy=0
27         self.x=475
28         self.y=275
29
```

```
30      def move(self):
31          self.x += self.dx
32          self.y += self.dy
33
34      def draw(self):
35          screen.blit(ball_image,(self.x, self.y))
36
37  ball = Ball()
38  bats = [ Bat( [K_a,K_z], 10), Bat( [K_UP,K_DOWN], 984) ]
39
40  while 1:
41      clock.tick(30)
42      for event in pygame.event.get():
43          if event.type == QUIT:
44              sys.exit()
45      pressed_keys = pygame.key.get_pressed()
46
47      screen.fill((0,0,0))
48
49      for bat in bats:
50          bat.move()
51          bat.draw()
52
53      ball.move()
54      ball.draw()
55
56      pygame.display.update()
```

실행

사람들이 우리를 xkcd의 싸구려 복사본이라고
생각할까봐 걱정돼?

사실이잖아. 걱정 안 해.
저기 있는 사람들도
신의 싸구려 복사본인 걸 뭐.

공 이미지를 불러왔습니다.

```python
ball_image = pygame.image.load("images/ball.png").convert_alpha()
```

자세히 보면 마이크, 파이터, 악당의 이미지를 불러오던 코드와 조금 다를 거예요. 여기서 사용하는 공 이미지는 배경이 투명하기 때문이지요. 이미지 포맷으로 PNG를 사용하면 투명한 배경을 사용할 수 있습니다. JPEG로는 불가능하지요. 모든 이미지 포맷이 투명한 배경을 지원하지는 않는다는 사실을 기억하세요.

일반적인 convert() 함수로 이미지를 불러오면, 이미지의 투명한 부분을 이미지의 원래 배경색으로 보여 줍니다. 이것을 해결하기 위해 convert_alpha() 함수를 사용합니다.

> **참고**
>
> 만약 convert_alpha() 함수를 사용하면, colorkey() 함수는 실행 중지됩니다. 따라서 투명한 부분이 있는 이미지를 사용할 때 convert_alpha() 함수를 사용하세요. colorkey() 함수는 단색을 투명하게 만들고 싶을 때만 사용하세요. 우리는 배경에 색이 있는 이미지를 다운받아서 배경을 투명하게 수정했습니다. 그런데 배경에 빨간색을 넣고, colorkey() 함수를 사용하여 빨간 색을 투명하게 만들 수도 있습니다. 두 가지 방법 모두 가능합니다.

이제 배트Bat 클래스를 봅시다. 먼저 __init__() 함수, move() 함수, draw() 함수를 만들었습니다. 이건 평소대로지요.

```
class Bat:
    def__init__(self,ctrls,x):
        self.ctrls = ctrls
        self.x = x
        self.y = 260
```

__init__() 함수는 self 외 2개의 인자, ctrls와 x를 갖습니다. ctrls는 배트를 제어하기 위해 사용하는 키들의 목록입니다. x는 배트의 x좌표의 초기값을 정합니다. 이 인자들은 나중에 배트의 특정 인스턴스에 전달됩니다. 클래스 안의 다른 함수들도 이 인자를 사용하려면 이렇게 해야 합니다. self.y는 __init__() 함수 안에서 정의돼야 하지만, 모든 배트에 대해 같은 값이므로 인자로 쓰지는 않았습니다. __init__() 함수는 인스턴스가 만들어질 때(이 경우엔 배트 1개) 오직 1번만 실행된다는 것을 잊지 마세요. 이 함수는 다른 함수들이 사용할 것들을 준비합니다.

신을 믿어?
우리 모두를 만든 인간 슈퍼 프로그래머?

모르겠어. 이 오렌지 쥬스가
정말 맛있다는 건 믿지.
리스프로 코딩한 게 놀떡해.

이제 move() 함수를 봅시다.

```
def move(self):
    if pressed_keys[self.ctrls[0]] and self.y > 0:
        self.y -= 10
    if pressed_keys[self.ctrls[1]] and self.y < 520:
        self.y += 10
```

132쪽과 비슷한 코드가 있지 않나요?

```
if pressed_keys[K_LEFT] and self.x > 0:
    self.x -= 3
```

눌린 키들 리스트^{pressed_keys}의 대괄호 안에 들어 있는 것만 다르네요. 눌린 키들 리스트는 모든 눌린 키의 리스트입니다. 이 리스트는 다른 함수에도 사용되기 때문에, move() 함수가 아니라 게임 루프 안에서 만들었습니다.

102쪽에서는 왼쪽 화살표(K_LEFT)가 눌렸는지 확인했습니다. 여기 있는 새 move() 함수에서는 self.ctrls[0]가 눌렸는지를 물어봅니다. self.ctrls[0]는 무엇일까요? __init__() 함수에서, self.ctrls = ctrls이었습니다. 한마디로, 하나의 특정 배트가 만들어질 때 그 배트에 주어진 ctrls입니다. 어떤 것이 ctrls로 주어지는지는 다음 쪽에서 설명하겠습니다.

> **참고**
>
> 눌린 키들 리스트는 move() 함수 밖에서 만들어지지만 move() 함수가 사용해야 하는 변수입니다. 앞에서 파이썬은 이런 식으로 작동하지 않는다고 말했습니다(145쪽). 파이썬이 어떤 변수를 찾으러 함수 밖으로 나가게 하려면, 그 변수는 전역^{global} 변수라고 말해 줘야 합니다. 그런데 우리는 global이라고 써 주지 않았지요. 파이썬은 어떻게 눌린 키들이 전역 변수라는 것을 알고 있을까요? 이 변수는 값이 주어지기 전에 사용되기 때문입니다. 스크린이나 이미지 변수 및 기타 변수에 대해서도 마찬가지랍니다. 지금은 무슨 말인지 몰라도 괜찮습니다. 나중에 다시 읽어 보면 이해가 될 거예요.

다음 코드로 배트를 만들었습니다. 보통 리스트를 놓는 곳, 그러니까 클래스 바로 밑에 썼지요.

```
bats = [ Bat( [K_a,K_z], 10), Bat( [K_UP,K_DOWN], 984) ]
```

지금까지는 리스트를 만들고, 프로그램 다른 데서 새로운 객체를 만든 다음, 파이썬에게 리스트 추가를 시켰습니다. 반면 여기에서는 배트들^{bats}이라는 리스트를 만들고, 그 안에서 배트 2개를 직접 만들었습니다. 위 코드를 간단히 하면 bats = [Bat(), Bat()]이지요. 배트 2개가 들어 있는 리스트를 만드는 것입니다. 파이썬은 미사일에서 그랬던 것처럼 각각의 배트를 리스트 순서로 구분합니다. 따라서 배트들의 이름이 같아도 상관없습니다.

> **참고**
> 실제로 여기 있는 건 두 배트의 생성자들이지만, 지금은 배트라고 생각해도 괜찮습니다.

배트 옆 소괄호 안에는 __init__() 함수에서 요구하는 인자 2개를 씁니다. ctrls와 x이지요. 첫 번째 인자인 ctrls는 키^{key}들이 들어 있는 리스트입니다. 이 리스트에는 항목이 2개밖에 없습니다. ⒜와 ⒵ 또는 위쪽 화살표 키와 아래쪽 화살표 키 말입니다. x는 배트의 x좌표를 나타내는 숫자입니다. move() 함수를 다시 봅시다.

```
def move(self):
    if pressed_keys[self.ctrls[0]] and self.y > 0:
        self.y -= 10
```

if pressed_keys[self.ctrls[0]]는 눌린 키들 리스트^{pressed_keys}에 self.ctrls[0]가 있는지 물어보는 코드입니다. self.ctrls[0]는 self.ctrls[] 리스트의 첫 번째 항목이지요. 리스트의 첫 번째 항목 번호는 항상 0이니까요. 첫 번째 배트에 대한 눌린 키들 리스트의 첫 번째 항목은, K_a입니다. ⒜가 눌린 키들 리스트 안에 있는지 물어보는 것이랍니다. (게임 플레이어가) ⒜를 눌렀냐고 말이에요. if pressed_keys[K_a] 라고 바꿔 써도 됩니다.

또 self.y > 0(배트의 y좌표가 0보다 큼)이면 self.y -= 10(배트의 y좌표를 10만큼 줄임)이지요. 배트를 위로 움직이는 거예요.

move() 함수의 3번째, 4번째 줄을 봅시다.

```
if pressed_keys[self.ctrls[1]] and self.y < 520:
    self.y += 10
```

앞쪽과 같은 이야기입니다. 이번에는 배트를 아래로 움직입니다.

if pressed_keys[self.ctrls[1]]는 self.ctrls 리스트의 두 번째 항목(self.ctrls[1])을 찾습니다. 이 경우엔 Z 겠지요. Z 가 눌렸고 self.y < 520(배트의 y좌표가 520보다 작음)이라면 self.y += 10(배트의 y좌표를 10만큼 증가)가 되겠지요. 배트를 밑으로 이동시킨다는 뜻입니다. self.y < 520라는 조건이 있으니까 배트가 스크린 바닥보다 위에 있을 때만 움직이겠지요.

> **참고**
>
> 왜 520일까요? draw() 함수에서 배트의 세로 길이가 80픽셀임을 알 수 있었습니다. 스크린의 높이는 600픽셀이므로, 배트의 y좌표가 520보다 크면 배트의 일부분은 스크린 밖으로 빠져나가 있는 상태이므로, 더 내려가게 하면 안 됩니다.

배트 1개를 위아래로 움직이는 것치고는 조금 장황한 것도 같지만, 일단 클래스를 만들어 놓으면 인스턴스를 추가하기 쉬우니 첫 번째 배트를 만들어 놓고(Bat([K_UP,K_DOWN],984)), 두 번째 배트를 추가하는 것이랍니다.

> **참고**
>
> 만약 3명이서 플레이한다면 세 번째 배트를 쉽게 추가할 수 있습니다. Bat([K_j,K_n],530)라고 쓰면 스크린 한가운데에 배트 1개가 추가됩니다. 이 배트를 위아래로 움직이려면 J, N를 누르도록 설정하면 되겠지요.

Python

12장

공 클래스

내 생성기가 거의 완성되어 가는군.

166쪽의 코드를 다시 봅시다.

```python
class Ball:
    def __init__(self):
        self.dx = 12
        self.dy = 0
        self.x = 475
        self.y = 275

    def move(self):
        self.x += self.dx
        self.y += self.dy

    def draw(self):
        screen.blit(ball_image, self.x, self.y))
```

공 클래스의 기본 코드입니다. __init__() 함수는 공에게 위치와 속도를 줍니다. 공은 스크린 한 가운데에서 출발, 루프를 1번 돌 때마다 오른쪽으로 12픽셀씩 움직입니다. 하지만 공 이미지의 좌표는 가장 위 왼쪽의 좌표이므로, (475, 275)는 스크린 중심에서 25픽셀만큼 왼쪽으로, 또 25픽셀만큼 위쪽으로 이동한 위치입니다. 스크린의 가로 길이는 1000, 세로 길이는 600이기 때문입니다. 공은 50×50픽셀이므로, 공의 중심은 이제 스크린의 중심과 같게 됩니다.

넌 누구냐?

내 이름은 마이크.
너의 창조주지.

move() 함수는 공을 움직입니다. 더 설명할 필요는 없겠죠?

draw() 함수는 공 이미지를 화면에 표시합니다. dx와 dy는 뒤에서 계산하겠습니다. dx와 dy는 실수이므로 self.x와 self.y도 실수가 됩니다. 파이썬은 좌표에 실수를 쓰면 가끔 불평합니다. 항상 그렇진 않지만, 그래도 만일을 대비해서 int() 함수를 이용하여 실수를 정수로 반올림합시다. 예를 들어 int(3.4)라고 쓰면 파이썬은 3.4를 정수로 만들어 3을 돌려줍니다.

따라서 draw() 함수는 아래와 같이 고쳐야 합니다.

```python
def draw(self):
    screen.blit(ball_image,(int(self.x), int(self.y)))
```

지금까지는 우리가 전에 이미 다 배운 것들입니다. int() 함수만 처음 나온 것이지요. 그래서 게임이 어딘가 심심합니다. 충돌 감지를 추가한 뒤 재미있게 바꿔 봅시다.

내가 날 만들었다고?

절대 안 돼.
내가 해.

응. 내가 마사랑 놀 동안
내가 이 지루한 일들을 다 해.

충돌을 두 종류 만들어야 합니다. 첫 번째, 공이 스크린의 위 또는 아래와 충돌했을 때 튕기도록 해야 합니다. 두 번째, 공이 배트에 맞을 때도 튕겨 나와야 합니다. 첫 번째가 더 쉬우니 그것부터 하지요. 스크린 끝에 닿은 악당이 튕기도록 했던 것과 거의 똑같습니다. 공 클래스 안에 튕기기 bounce 함수를 만들겠습니다.

```python
def bounce(self):
    if self.y <= 0 or self.y >= 550:
        self.dy *= -1
```

공이 스크린의 맨 위나 아래에 닿으면 dy의 부호를 바꿉니다. __init__() 함수 안에서 self.dy를 12 또는 -12로 정한 다음 프로그램을 실행시켜 보면 확인할 수 있습니다. 그러려면 bounce 함수도 불러와야 하지요. 뒤에 나옵니다.

난 이 불의 숲을 만들었어.
그렇다고 해서 애네들이
내 말을 듣진 않아.

하지만 나는 너의 창조주야.
넌 내가 시키는 대로 해야 해.

공이 배트에 닿았을 때도 튕기게 합시다.

```python
def bounce(self):
    if self.y <= 0 or self.y >= 550:
        self.dy *= -1

    for bat in bats:
        if pygame.Rect(bat.x,bat.y,6,80).colliderect(self.x,self.y,50,50):
            self.dx *= -1
```

for 루프는 배트 리스트 안에서 각각의 배트에 대해 if 문을 실행합니다. if 문에는 pygame.Rect().colliderect() 함수가 있습니다. 이 함수는 두 직사각형의 충돌을 감지합니다. pygame.Rect() 기억나지요? 이 함수로 보이지 않는 직사각형을 만들겠습니다. 공 이미지와 배트 이미지가 닿았는지 직접 확인할 수 없기 때문에, 공과 배트를 각각 보이지 않는 직사각형에 겹쳐놓고, 두 직사각형이 겹쳐졌는지 확인할 것입니다.

Rect() 함수에 4개의 인자를 줍니다. bat.x, bat.y, 6, 80은 순서대로 배트의 x좌표, 배트의 y좌표, 배트의 가로 길이, 배트의 세로 길이입니다. 이렇게 배트에 겹쳐진, 보이지 않는 직사각형을 만들었습니다. 이제 위 직사각형이 공 이미지에 겹쳐진, 보이지 않는 직사각형과 충돌했는지 물어봐야 합니다. 두 번째 직사각형은 colliderect() 함수에게 self.x, self.y, 50, 50을 줘서 만듭니다. 이 인자들은 공의 좌표와 크기입니다.

pygame.Rect().colliderect() 함수가 충돌을 감지하면, if 문은 참값을 돌려줍니다. 그러면 self.dx에 -1을 곱해 방향을 반대로 만듭니다. 배트와 부딪힌 공이 튕기는 거예요.

마지막으로, 게임 루프 안에 함수를 부르는 코드를 넣으세요. 공의 move() 함수나 draw() 함수를 부르는 곳에 쓰면 됩니다.

```python
ball.move()
ball.draw()
ball.bounce()
```

실행

참고

공과 배트가 어느 방향으로 움직이는지는 중요하지 않습니다. Rect()는 공에 대한 정보를 가질 수 있고, colliderect()는 배트에 대한 정보를 가질 수 있습니다. 우리는 공 클래스 안에 있으므로, self는 항상 공을 의미합니다. 공과 배트의 인자를 바꿔도 된다는 뜻입니다.

참고

Rect()와 colliderect()에 2개의 인자만 써도 됩니다. x좌표, y좌표, 가로의 길이, 세로의 길이를 각각 쓰는 대신, 그냥 좌표와 크기만 써도 됩니다. 이렇게 써도 비슷해 보입니다. colliderect() 함수를 예를 들어 봅시다.

```
colliderect((self.x,self.y),(50,50))
```

colliderect() 함수의 두 인자는 모두 튜플입니다. 별 의미 없는 것처럼 보이지만, 파이게임에는 객체의 크기를 구할 수 있는 get_size() 함수가 있습니다. 따라서 다음과 같이 ball_image.get_size()라고 써도 됩니다. 그러면 (50,50)이라는 튜플을 돌려줄 것입니다. 따라서 위 코드를 다음과 같이 바꿔도 됩니다.

```
colliderect((self.x,self.y),ball_image.get_size())
```

이렇게 쓰면 공의 크기를 모를 때 굳이 찾아보지 않아도 됩니다. 공의 크기를 바꿨을 때 함수를 수정할 필요도 없지요. 다음에는 프로그램이 실행되는 동안 객체의 크기가 바뀌는 게임을 만듭니다. 그럴 때 get_size()나 기타 유사한 함수들을 매우 유용하게 사용할 수 있습니다. 하지만 배트의 크기는 이 방법으로 구할 수 없습니다. 배트에는 연결된 객체가 없기 때문입니다. 배트는 이미지가 아니라 파이게임한테 직선을 계속 그리라고 시켜서 만드는 거거든요.

널 먼지로 만들어 주겠어.

꿈 깨시지. 난 널 부숴 버릴 거야.
난 너의 뼈밖에 안 남은 몸에 돌진하는
2톤 트럭이야.

난 테프론 코팅된 전투용 탱크야.
니 뼈를 갈아서 먼지로 만들겠어.

난 핵폭탄이야.
널 방사능 연기로 만들겠어.

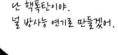

라디안

게임을 재미있게 만들기 위해 처음으로 할 일은, 시작할 때 공이 임의의 각도에서 나오게 하는 것입니다. 이건 앞에서 해 보지 않은 거니까 자세히 설명하겠습니다.

프로그래머들은 각도를 다룰 때 도(°)로 표시하지 않고 라디안radian으로 표시합니다. 수학자들이 라디안을 쓰기 때문이죠. 사실 프로그래밍은 수학의 한 분야라고 할 수 있습니다. 다행히 최소한 여기에는 사악한 수학자들이 없지요.

삼각형에서 각도를 측정할 때나 스코틀랜드 언덕 사이에서 어떤 방향으로 가야 할지 알고 싶을 때는 60분법을 사용하는 게 좋지만 조금 더 멀리, 수학의 고지대highlands 안으로 들어가려면, 라디안이 더 편리합니다.

흠, 파이인가?

라디안

　　라디안은 각의 단위입니다. 온도를 섭씨나 화씨로 표현하는 것처럼, 각도는 60분법이나 라디안으로 표시할 수 있습니다.

　　호의 길이가 반지름의 길이와 같을 때, 그 부채꼴의 중심각이 1 라디안입니다. 약 57.3°입니다.

　　원의 둘레는 $2\pi r$입니다.

　　따라서 한 원의 중심각은 2π 라디안이 됩니다.

　　즉, 2π 라디안은 360°와 같습니다.

　　따라서 180°는 π 라디안과 같습니다.

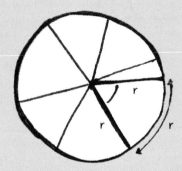

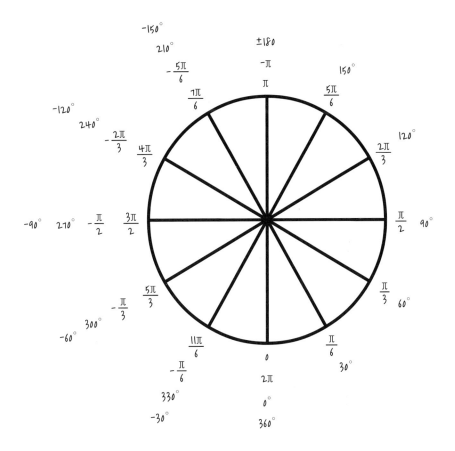

각 구역은 π/6만큼 증가합니다. 0에서 시작해 1/6 π, 2/6 π, 3/6 π, … 이런 식으로 쓸 수도 있습니다. 위 그림의 숫자들은 기약분수로 쓴 것뿐이랍니다.

공 클래스 안의 __init__() 함수를 다음과 같이 고칩니다.

```
def __init__(self):
    d = (math.pi/3)*random.random()+(math.pi/3)+math.pi*random.randint(0,1)
    self.dx = ~~12~~ math.sin(d)*12
    self.dy = ~~0~~ math.cos(d)*12
    self.x = 475
    self.y = 275
```

파이썬의 math와 random 모듈을 써야 하므로, 프로그램의 1번째 줄에서 이 모듈들을 가져옵니다.

```
import pygame, sys, math, random
```

실행

실행시키면 임의의 방향으로 향하는 공을 볼 수 있습니다. 왜 그런지 하나하나 살펴볼까요? "d"가 들어 있는 코드를 봅시다.

```
d = (math.pi/3)*random.random() + (math.pi/3) + math.pi*random.choice(0,1)
```

d는 방향direction을 의미합니다. 라디안으로 표시한 각도입니다. __init__() 함수 밖에서는 쓰지 않을 거니까 "self"는 필요 없습니다.

파이썬의 math 모듈에서만 pi가 정의돼 있기 때문에, 그냥 pi라고 쓰면 안 되고 math.pi라고 써야 합니다. 이런 이유로 1번째 줄에서 math 모듈을 가져온 import 거랍니다.

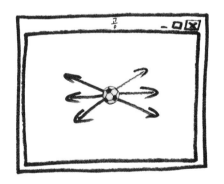

변수 d는 시작할 때 공이 나오는 각도입니다. 스크린의 위나 아래보다, 왼쪽이나 오른쪽을 향하게 하는 것이 좋습니다. 그림과 비슷한 정도면 됩니다.

d의 값에 따른, 공이 나오는 각도를 생각해 봅시다.

(math.pi/3)

math.pi/3이라고 쓰면 π/3라디안, 즉 60도 방향에서 나옵니다.

x축은 오른쪽으로 가는 방향이 양수이고 y축은 내려가는 방향이 양수라고 했던 것 기억나나요? 따라서 크기가 0인 각은 아래로 수직 방향을 가리키고, 시계 반대 방향으로 갈수록 크기가 커집니다. 즉, 크기가 π/3라디안인 각 d는 오른쪽 그림과 같습니다.

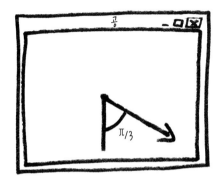

(math.pi/3)*random.random()

random.random() 함수는 0과 1 사이의 임의의 수를 줍니다. 예를 들어 0.4572943478340743 같은 수를 얻게 되지요. 따라서 math.pi/3*random.random()은 0과 π/3 라디안 사이의 각을 줄 것입니다. 0과 60도 사이의 각이지요. 따라서 math.pi/3에 random.random()을 곱하면 오른쪽 그림과 같은 각이 됩니다.

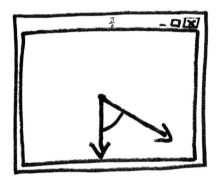

(math.pi/3)*random.random()+(math.pi/3)

그다음 (math.pi/3)을 더한다고 했으므로, 다시 π/3 라디안, 즉 60도를 더하면 오른쪽 그림과 같이 바뀔 것입니다.

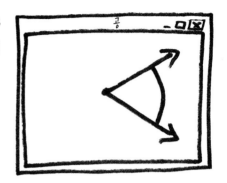

(math.pi/3)*random.random()+(math.pi/3)+math.pi*random.choice(0,1)

random.choice() 함수는 임의의 정수를 골라 줍니다. 전에 악당의 속도를 임의로 바꾸기 위해서 사용했지요. 여기서는 0과 1 사이에서 고르니까 0 또는 1을 돌려주겠네요. 거기에 math.pi를 곱하면 0 × π 또는 1 × π 둘 중 하나가 됩니다. 0 또는 π 가 나오겠군요. 그것을 더합니다. 0도 또는 180도를 더하는 것과 같아요. 이제 각 d는 오른쪽 그림과 같이 바뀝니다.

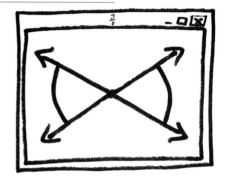

> **참고**
> 사실 지금까지 쓴 것은 라디안이 아닙니다. 단지 0과 2π 사이의 숫자들이지요.

이제 방향을 정했으니, 공을 그 방향으로 12픽셀만큼 움직이도록 해야 하는데, 파이썬은 물체를 x방향이나 y방향으로만 이동시킵니다. 다른 방향으로 움직이게 하려면 다음 두 가지를 섞어 써야 합니다.

```
self.dx=math.sin(d)*12
self.dy=math.cos(d)*12
```

각 d를 알면 우리는 삼각비를 사용하여 x와 y의
값을 바꿀 수 있습니다. 그러니까 dx와 dy의 값을
구해야 합니다. dx는 대변의 길이, dy는 밑변의 길
이입니다.

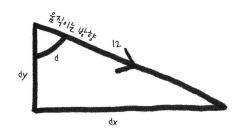

우리는 각 d의 값을 알고 있습니다. 직접 정했으
니까요. 어떻게 하면 매 루프를 돌 때마다 공이 빗변의 길이(12픽셀)만큼 움직이도록 할 수 있을까
요? 참고로 여기서 0은 수직 방향입니다. (다음 쪽의 설명에서는 0이 오른쪽 방향지요.)

```
dx = sin d x 12
dy = cos d x 12
```

삼각비를 이용하면 위와 같은 식을 얻습니다. 수학적으로 dx와 dy를 구하면 완전히 임의는 아니
지만, 어느 정도 임의적 요소를 가지고 있도록 각을 정할 수 있습니다. (삼각비에 대한 설명은 다음
쪽을 보세요.)

삼각비

이미 배운 사람도 있고 아직 안 배운 사람도 있겠지만, 삼각비sohcahtoa는 다음 내용을 기억하기 위한 방법입니다. (삼각비는 영어로 trigonometry 입니다. sohcahtoa는 영어권 학생들이 삼각비를 쉽게 외우기 위해 쓰는 축약법입니다. 우리나라에서는 s, c, t를 그림으로 그려서 외우지요.)

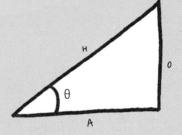

$$\sin\theta = \frac{대변}{빗변}$$

$$\cos\theta = \frac{밑변}{빗변}$$

$$\tan\theta = \frac{대변}{밑변}$$

한 직각삼각형에 대해, 각 θ와 빗변Hypotenuse 의 길이 H를 알면, 대변Opposite의 길이 O와 밑변 Adjacent의 길이 A를 구할 수 있습니다. 오른쪽 그림을 보세요.

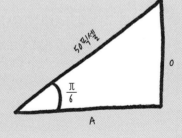

$$\sin\theta = \frac{O}{H} \qquad\qquad \cos\theta = \frac{A}{H}$$

$$\Rightarrow O = \sin\theta \times H \qquad\qquad \Rightarrow A = \cos\theta \times H$$

$$\Rightarrow O = \sin\frac{\pi}{6} \times 50 \qquad\qquad \Rightarrow A = \cos\frac{\pi}{6} \times 50$$

$$\Rightarrow O = 25 \qquad\qquad\qquad \Rightarrow A = 43.3$$

> **참고**
>
> 만약 계산기로 계산하려면 각의 단위는 °가 아니라 라디안으로 설정하세요.

방금 배운 것, 무언가를 임의의 방향에서 나오게 하는 코드는 자주 사용됩니다. 아래 코드는 복사하여 다른 프로그램에 붙여 넣어도 됩니다. 우주 침략자들을 만들 때 사용할 수도 있겠지요. 예를 들어, 113쪽 악당 클래스의 __init__() 함수를 다음과 같이 써도 됩니다.

```
class Badguy:
(중략)
    def __init__(self):
        self.x = random.randint(0,570)
        self.y = -100
        d=(math.pi/2)*random.random()-(math.pi/4)
        speed = random.randint(2,6)
        self.dx=math.sin(d)*speed
        self.dy=math.cos(d)*speed
```

이렇게 쓰려면 1번째 줄에서 모듈을 가져올^{import} 때 math 모듈도 추가해야 합니다. 실행하면 우리가 했던 것과 별 차이 없이 작동합니다.

(math.pi/2)*random.random()이라고 쓰면 우리가 원하는 각을 그릴 수 있습니다. (pi/2라디안은 90°입니다.)

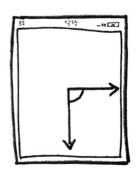

-(math.pi/4)라고 써서 각이 아래를 향하게 돌립니다. 주어진 각에서 pi/4 라디안만큼 빼면 각을 시계 방향으로 돌릴 수 있습니다.

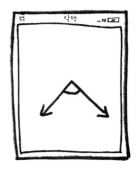

이제 속도를 임의의 값으로 정하고 삼각비를 사용하여 dx와 dy를 구합니다. 시작점을 스크린 위에서 100픽셀 아래, x축으로는 0부터 570 사이의 임의의 수로 정했습니다. 이제 move()와 bounce() 함수를 불러서 악당이 임의의 각도로 움직이면서 내려오도록 하면 됩니다.

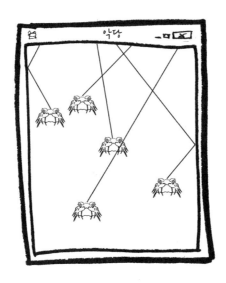

충돌할 때 무슨 일이 생기지?

너무 세게 부딪혀서
한 사람으로 합쳐지는 것처럼 보이지.
뭐 그런 거야.

13장
골 넣기

내가 가상 캐릭터라서 좋은 점은
나는 코드 몇 줄만으로
가상 현실과 연결될 수 있다는 거야.
모든 인간 지식을 사용할 수 있으면서
공간이나 시간의 제약은 받지 않지.
넌 장점이 뭐라고 생각해?

8시간 내내 박쥐처럼
거꾸로 매달려 있을 수 있는 거.

먼저 각 플레이어의 점수 저장 변수를 2개 만듭니다. 다음 코드를 프로그램의 셋업에 쓰세요.

```
rscore = 0
lscore = 0
```

공이 스크린에서 반대편 밖으로 나가면 점수를 얻습니다. 그러면 플레이어의 점수에 1을 추가하고, 공을 가운데로 옮긴 후 다시 시작시켜야 합니다. 아래 음영 표시된 부분을 게임 루프 안, for 루프 밑에 넣으세요. 들여쓰기는 1번 합니다.

```
for bat in bats:
    bat.move()
    bat.draw()

if ball.x < -50:
    ball = Ball()
    rscore += 1

if ball.x > 1000:
    ball = Ball()
    lscore += 1
```

만약 공이 스크린 왼쪽 끝으로 가면(ball.x가 -50보다 작으면) 파이썬은 ball=Ball()을 실행시킵니다. 이 방법은 122쪽에서 새로운 악당을 만들 때도 썼지요. 이 코드는 공 클래스^{Ball()}에 인스턴스를 하나 만들고 그 클래스 안의 __init__() 함수를 실행시킵니다. 공 하나를 만드는 셈이지요. 공은 하나만 있어야 하므로, 공 변수에 새로운 공의 데이터가 들어가고, 낡은 공(또는 낡은 공의 데이터)은 파이썬의 쓰레기 청소 시스템이 치워버립니다. (파이썬에는 실제로 쓰레기하치장이 있답니다.) 이렇게 하고 나서 rscore에 1을 더합니다.

rscore와 lscore는 프로그램의 셋업에서 만듭니다. 왜냐하면 공 클래스처럼 이것들도 게임 루프 안에서 사용되기 때문입니다. 게임 루프 안에서 만들면 매 루프마다 0으로 리셋되기 때문에 게임 루프 안에서는 만들 수 없습니다.

맨 아래 세 줄의 코드는 공이 스크린 오른쪽 끝으로 갈 때 같은 식으로 작동합니다.

이제 스크린 위에 점수들을 표시합시다. 점수를 표시하려면 폰트 변수를 만들어야지요.

```
lscore = 0
font = pygame.font.Font(None,40)
```

점수를 스크린에 표시하는 코드는 게임 루프 안, pygame.display.update 위에 추가합니다.

```
txt = font.render(str(lscore),True,(255,255,255))
screen.blit(txt,(20,20))
txt = font.render(str(rscore),True,(255,255,255))
screen.blit(txt,(980-txt.get_width(),20))

pygame.display.update()
```

실행

147쪽 우주 침략자 게임의 점수 표시 코드와는 조금 다르지요? 자세히 보면 기능은 같답니다. 이 코드는 txt라는 변수를 만들고 관련 속성attributes을 정하지요. (3번째 줄에서 또 txt를 써도 상관없습니다. 3번째 줄에 오면 1번째 줄의 코드는 모두 실행 완료된 상태기 때문입니다.)

screen.blit() 함수로 txt를 특정 좌표에 표시합니다. 160쪽에서는 screen.blit() 함수에 바로 속성(좌표, 크기 등)을 썼습니다. 어떻게 하든 상관없지만, 여기서 이렇게 하는 데는 이유가 있습니다. 마지막 줄을 보면, screen.blit() 함수 안에서 x좌표를 980-txt.get_width()로 정의했습니다. get_width() 함수는 어떤 것의 너비를 가져오는 함수입니다. get_width() 함수를 쓰는 이유는 스크린 상에서 깔끔해 보이기 위해서입니다.

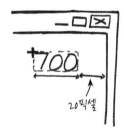

오른쪽 점수(txt 변수에 저장된 rscore)의 오른쪽 가장자리가 스크린의 끝에서 20픽셀만큼 떨어지게 하고 싶습니다. 왼쪽 점수에서는 쉽지만, 오른쪽 점수에서는 문제가 좀 있습니다. 좌표는 가장 위 왼쪽을 기준으로 하기 때문입니다. 따라서 x좌표는 980픽셀(스크린의 너비에서 20픽셀만큼 뺀 값)에서 점수의 너비만큼 뺀 값이 됩니다.

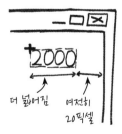

점수가 증가함에 따라 점수의 너비가 바뀝니다. 8은 1보다 넓습니다. 1000은 100보다 넓지요. get_width() 함수를 쓰면 이런 문제를 해결할 수 있습니다. 이 함수는 항상 점수의 너비를 측정하므로, 그 값을 점수의 위치를 정하는 데 사용합니다.

참고

get_width() 함수는 다른 데에서도 쓸 수 있습니다. 예를 들어, 우주 침략자 게임에서는 미사일을 미사일들 목록에 더할 때 다음 코드를 사용했습니다.

```
missiles.append(Missile(self.x+50))
```

(self.x+50)는 파이터의 한가운데의 위치입니다. 파이터의 너비가 100픽셀이라는 것은 알고 있습니다. 너비를 모르거나, 파이터들의 너비가 모두 다르면, 코드를 다음과 같이 써도 됩니다.

```
missiles.append(Missile(self.x+fighter_image.get_width()/2))
```

비슷한 방법으로, 파이터의 y좌표를 정할 때는 다음과 같이 썼습니다.

```
screen.blit(fighter_image,(self.x,591))
```

하지만 591이라는 숫자는 스크린의 높이에서 파이터의 높이를 직접 빼어 구한 것입니다. 이런 일은 파이썬한테 시켜도 됩니다.

```
screen.blit(fighter_image,(self.x, screen.get_height()-fighter_image.get_height()))
```

다시 돌아와서, 퐁 게임에서는 오른쪽 점수(rscore)를 스크린에 표시하기 위해 다음과 같은 코드를 사용해도 됩니다. (앞쪽과 다른 점은, 스크린의 너비도 숫자를 직접 쓰지 않고 get_width() 함수로 가져왔다는 점입니다.)

```
screen.blit(txt,(screen.get_width()-20-txt.get_width(),20))
```

공이 배트에 맞으면 튕겨 나가야 하는데 가끔 여전히 배트에 닿은 채로 있을 때가 있습니다. 그러면 다음 게임 루프에서는 튕기기 함수(bounce())가 실행돼 공을 튕깁니다. 이 버그를 발견하지 못했다면, 배트가 움직일 때 배트의 가장 끝으로 공을 쳐보세요. 공이 배트에 잡힐 때가 있을 겁니다. 그림으로 그리면 다음과 같습니다.

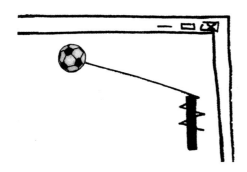

이 버그는 여러 방법으로 수정할 수 있습니다. 여기서는 공이 배트 쪽으로 움직일 때만 튕기도록 만들겠습니다. 공이 1번 튕겨서 배트 반대쪽으로 날아가지만 여전히 배트와 조금 겹친 상태일 때는 튕기지 않도록 하면 됩니다. 그러려면 공이 움직이는 방향을 확인해야 합니다.

dx가 양수면 공은 오른쪽으로 움직입니다. dx가 음수면 왼쪽으로 움직이고요. 오른쪽으로 공이 움직이는 상태에서, 공의 오른쪽이 배트와 닿으면 튕겨야 합니다. 왼쪽으로 공이 움직이는 상태에서는 공의 왼쪽이 배트와 닿으면 튕겨야 하고요. 이 외의 경우, 공은 계속 움직여야 합니다. 이렇게 만들려면 배트에 왼쪽과 오른쪽을 표시해야 합니다. 1은 오른쪽이고 -1은 왼쪽입니다. 먼저 배트의 __init__() 함수에 사이드side라는 인자를 추가합니다.

```
class Bat:
    def __init__(self,ctrls,x,side):
```

이제 __init__() 함수는 (self를 제외한) 3개의 인자를 요구합니다. 그러면 배트들 리스트를 수정해 인자를 알려 주어야 합니다.

```
bats = [Bat([K_a,K_z],10,-1), Bat([K_UP,K_DOWN],984,1)]
```

왼쪽 배트의 x좌표는 10이고, 사이드 변수의 값은 -1로 주었습니다. 오른쪽 배트의 x좌표는 984이고, 사이드 변수의 값은 1로 주었습니다. 이제 배트 클래스의 __init__() 함수를 업데이트해 사이드 변수의 값이 전달되도록 합니다.

```
def __init__(self,ctrls,x,side):
    self.ctrls = ctrls
    self.x = x
    self.y = 260
    self.side = side
```

공의 튕기기 함수에 조건을 추가합니다.

```
def bounce(self):
    if self.y <= 0 or self.y >= 550:
        self.dy *= -1
    for bat in bats:
        if pygame.Rect(bat.x,bat.y,6,80).colliderect(self.x,self.y,50,50) and abs(self.
    dx)/self.dx == bat.side:
            self.dx *= -1
```

실행

이 코드는 abs(self.dx)/self.dx가 bat.side와 같은지 확인합니다. 같으면 self.dx에 -1을 곱합니다.

abs() 함수는 어떤 수의 절댓값을 구합니다. 절댓값은 0을 제외한 모든 수를 양수로 만들지요. 예를 들어 −6의 절댓값은 6입니다. 6의 절댓값은 그대로 6이지요. 어떤 수의 절댓값을 해당 수로 나누면, 그 결과는 −1 또는 1이 됩니다. 예를 들어 −6의 절댓값을 −6으로 나누면 6/−6이므로 −1이 됩니다. 9의 절댓값을 9로 나누면 9/9이므로 1이 됩니다. abs(self.dx)/self.dx는 공에게 1 또는 −1이라는 방향을 줍니다. dx가 음수이면 −1이 됩니다. dx가 양수이면 1이 됩니다.

오른쪽에 있는, x좌표가 984인, 배트의 사이드 변수의 값은 1입니다. 왼쪽에 있는 배트의 사이드 변수의 값은 −1입니다. 따라서 abs(self.dx)/self.dx == bat.side는 공의 방향이 배트의 사이드 변수의 값과 같은지를 확인합니다. 같을 때만 dx에 −1을 곱하니까 같을 때만 공이 튕겨져 나가게 됩니다.

방금 해결한 것과 비슷한 버그는 항상 발생하고, 해결하려면 창의성이 필요합니다. 버그가 생겼다고 좌절하지 말고, 재미있는 도전이라고 생각해 보세요.

이 게임 이제 더 좋아진 것 같아.

안나?

그래. 고마워. 안나도 기뻐할 거야. 걔 라켓에 공이 좀 이상하게 달라붙었거든.

배경에 중심선과 중심원을 추가합니다. screen.fill() 함수 바로 밑에 아래 코드를 씁시다. 스크린을 채운 다음에 선과 원을 그려야 하니까요.

```
screen.fill((0,0,0))

pygame.draw.line(screen,(255,255,255),(screen.get_width()/2,0),(screen.get_
    width()/2,screen.get_height()),3)
pygame.draw.circle(screen, (255, 255, 255), (int(screen.get_width()/2), int(screen.get_
    height()/2)), 50, 3)
```
실행

앞에서 배웠듯이 line() 함수와 circle() 함수 둘 다 5개의 인자를 가집니다(두께를 포함하면 6개). 이번에는 숫자를 직접 써 넣지 않고 get_width() 함수와 get_height() 함수를 인자로 주었습니다. 이렇게 하면 스크린의 크기를 바꿨을 때 스크린 위 객체의 위치가 자동으로 수정된다는 장점이 있습니다.

line() 함수의 세 번째, 네 번째 인자를 봅시다. 세 번째 인자는 직선이 시작하는 점의 좌표입니다. x좌표는 screen.get_width()/2이므로 스크린의 너비의 한가운데입니다. y좌표는 0입니다. 네번째 인자는 직선이 끝나는 점의 좌표입니다. x좌표는 세 번째 인자와 동일하지만 y좌표는 스크린의 높이입니다. 따라서 스크린 크기에 상관없이 스크린 한가운데를 수직으로 내려오는 직선이 그려집니다.

circle() 함수로 원을 그릴 때는 가장 위 왼쪽이 아니라 원의 중심의 좌표를 씁니다.

얘가 안나야.
마사, 인사해.

안녕, 마사.
그 스커트에 그 부츠를 신다니,
넌 참 용감하구나!
너무 멋져.

!

Python

14장
임의로 바꾸기

우린 참 아름다운 우주에 살고 있어.

정말 그렇지. 오늘은 정말 긴 하루였어.
잠 좀 자야겠다.

무슨 소리야? 프로그래머들은 자지 않아.
가끔 다른 사람들 배려 차원에서
자는 척 할 때도 있지만 보통 우린
어둠 속에서 생각하고 있다구.

그 점은 신에게 감사해야겠군.
8시간을 낭비할 뻔 했네.
이제 뭐하지?

지금은 공이 항상 똑같은 각도로 튕겨 나갑니다. 공이 어디로 이동할지 예측하기 쉽지요. 공 클래스에서 설명한 bounce() 함수 기억나나요? 공이 스크린의 가장 위나 아래에 닿았는지 감지해서 만약 닿았다면 dy의 부호를 바꿉니다. 공이 배트에 닿으면 for 루프에서는 dx의 부호를 바꿨고요.

튕겨 나가는 각도를 임의로 바꾸려면, d의 값을 바꿔야 합니다. 처음에는 각 d에서 공을 발사했지만 공이 튕겨 나가고 나면 더 이상 d 방향이 아닙니다. 공은 진행 각을 바꾸었지만 d의 값은 변화가 없습니다. 공이 배트에 맞고 튕겨 나가는 각도를 임의로 바꾸려면, 공이 배트를 친 각도를 정확히 알아야 합니다. 다행히 우리에게는 dx, dy의 값을 받아와서 각도 d를 알려 주는 math.atan2()라는 함수가 있습니다. 따라서 앞으로 다시 가서 d의 새로운 값을 적용해 봅시다.

bounce() 함수에 다음과 같이 추가합니다.

```
class Ball:
(중략)
    def bounce(self):
        if self.y<= 0 or self.y >= 550:
            self.dy *= -1
            self.d = math.atan2(self.dx,self.dy)
        for bat in bats:
```

d가 아니라 self.d라고 쓴 것을 눈치챘나요? 지금까지 d는 __init__() 함수 안에서만 사용했습니다. 이제 bounce() 함수 안에서 사용했으니 다시 앞으로 가서 __init__() 함수 안에 있는 모든 d를 self.d로 바꿔야 합니다.

```
class Ball:
    def __init__(self):
        self.d=(math.pi/3)*random.random()+(math.pi/3)+math.pi*random.randint(0,1)
        self.dx=math.sin(self.d)*12
        self.dy=math.cos(self.d)*12
        self.x=475
        self.y=275
```

공이 스크린 가장 위나 가장 아래에서 튕겨 나올 때, dy의 부호는 바뀌고 우리는 d를 다시 계산해야 하는 거지요.

이제 정확한 d 값을 알았으므로, 공이 배트에 맞고 튕겨 나오는 방식을 바꿀 수 있습니다. 181쪽 그림에서 볼 수 있듯, 각에 -1을 곱하는 것은 dx에 -1을 곱하는 것과 같습니다. 원의 중심에서 멀어질 때 각에 -1을 곱하는 것은, 수직의 벽이나 배트에 부딪혀 튕겨 나오는 것과 같습니다. 따라서 정확한 각도를 아는 것이 중요합니다. bounce() 함수 안에 있는 for 루프에서 dx를 d로 바꿉니다.

```
def bounce(self):
(중략)
    for bat in bats:
        if pygame.Rect(bat.x,bat.y,6,80).colliderect(self.x,self.y,50,50) and abs(self.
⏎ dx)/self.dx == bat.side:
            self.dx d *= -1
```

self.d를 바꿨으므로 dx와 dy도 업데이트해야 합니다. 만약 바꾸지 않으면 self.d가 변했는데도 예전 값 그대로일 것입니다. 그러면 공은 튕기지 않고 계속 가겠지요. 따라서 for 루프의 가장 아래에 코드 두 줄을 추가합니다. 이제 전체 bounce() 함수 완성본은 다음과 같습니다.

```
def bounce(self):
    if self.y<=0 or self.y>=550:
        self.dy *=-1
        self.d = math.atan2(self.dx,self.dy)
    for bat in bats:
        if pygame.Rect(bat.x,bat.y,6,80).colliderect(self.x,self.y,50,50) and abs(self.
⏎ dx)/self.dx == bat.side:
            self.d *= -1
            self.dx=math.sin(self.d)*12
            self.dy=math.cos(self.d)*12
```

"영원한 프로토콜 에러"가 무슨 뜻이야?

컴퓨터 앞에 잘못된 사람이 앉아 있다는 뜻이지.

이제 self.d를 임의의 값으로 바꿔서 배트에 맞고 튕겨 나가는 방향을 예측하기 어렵게 해 봅시다.

```
for bat in bats:
    if (pygame.Rect(bat.x,bat.y,6,80).colliderect(self.x,self.y,50,50) and abs(self.
dx)/self.dx == bat.side):
        self.d += random.random()*math.pi/4 - math.pi/8
        self.d *= -1
        self.dx=math.sin(self.d)*12
        self.dy=math.cos(self.d)*12
```

실행

추가된 부분은 이전에 만든 유사 코드와 같은 방식으로 작동합니다. random.random()*math.pi/4는 0에서 π/4 사이의 임의의 각을 만듭니다. 거기에 π/8을 빼어 -π/8에서 π/8 (-22.5°에서 22.5°) 사이의 각을 만듭니다. 이 각을 self.d에 더해 각의 크기를 조금 커지거나 작아지게 바꿉니다.

각도를 임의로 바꾸는 것은 좋지만, 문제가 생길 수 있습니다. 프로그래밍하다 보면 종종 생기는 일이지요. 뭔가 추가하면 의도하지 않았던 여기저기서 문제가 발생합니다. 여기서의 문제는 각이 거의 수직에 가까워져 공이 스크린 위아래로만 움직이고, 옆으로는 거의 움직이지 않을 수도 있다는 것입니다. 따라서 각의 크기에 조건을 걸어야 합니다.

이건 임의로 바꾸는 좋이야!

안 돼! 하지 마!

마이크! 안 돼!

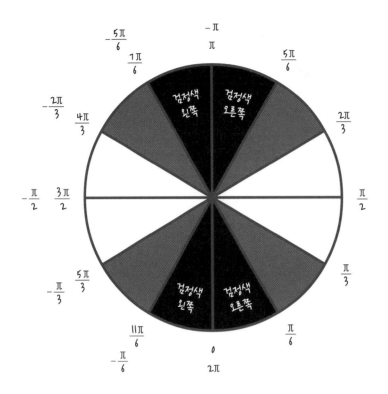

위의 마차 바퀴 그림을 보세요. 공은 흰색 구역 어딘가로 발사됩니다. self.d를 임의의 값으로 바꾸면 아마 회색이나 검은색 구역으로 움직이겠지요. 회색은 괜찮습니다. 이 구역에서는 적당한 속도로 스크린 위를 지그재그로 움직입니다. 하지만 self.d가 검은색 구역으로 들어가면 문제가 생깁니다. 따라서 검은색 구역으로 들어가면 흰색 구역으로 돌아가라고 명령하는 코드를 써야 합니다.

무기를 다룰 때 첫 번째로 알아야 하는 건
어느 쪽이 발사되는 방향이냐는 거지.

다음 코드를 추가해 공의 움직임 각도를 제한합니다.

```
for bat in bats:
    if (pygame.Rect(bat.x,bat.y,6,80).colliderect(self.x,self.y,50,50) and abs(self.
⏎dx)/self.dx == bat.side):
        self.d += random.random()*math.pi/4 - math.pi/8
        if (0 < self.d < math.pi/6) or (math.pi*5/6 < self.d < math.pi):
            self.d = ((math.pi/3)*random.random() + (math.pi/3))
        elif (math.pi < self.d < math.pi*7/6) or (math.pi*11/6 < self.d < math.pi*2):
            self.d = ((math.pi/3)*random.random()+(math.pi/3))+math.pi
        self.d *= -1
        self.d %= math.pi*2

        self.dx = math.sin(self.d)*12
        self.dy = math.cos(self.d)*12
```

꽤 복잡해 보이지만 이해하면 어렵지 않습니다. 다음은 위 코드의 의사 코드입니다.

공을 맞힐 수 있는 모든 배트에 대해

　공이 배트에 맞고 배트 앞으로 나가면

　　공이 움직이는 각(d)를 조금 바꿔라

　　만약 새 각이 너무 오른쪽으로 서 있으면

　　　　d를 오른쪽으로 조금 돌려라

　　또는 각이 왼쪽으로 너무 서 있으면

　　　　d를 왼쪽으로 조금 돌려라

　　d에 -1을 곱해라

　　각의 크기를 양수로 만들어라

　　dx의 값에 맞춰 다시 계산하라

　　dy의 값에 맞춰 다시 계산하라

추가 부분의 첫째 줄에서는 self.d가 0과 π/6 사이인지, 5π/6과 π 사이인지 확인합니다. 202쪽 그림의 "오른쪽 검은색" 구역인지를 확인하는 것입니다. 만약 그렇다면 다음 줄에서 self.d를 오른쪽 흰색 구역 어디쯤으로 바꿉니다. 이 코드는 182쪽의 원래 공 발사 코드에서 가져온 것이지만 끝에 pi*random.randint(0,1)이 없습니다. 왜냐하면 공을 오른쪽으로만 움직이게 하고 싶으니까요.

elif로 시작하는 코드는 공이 '왼쪽 검은색' 구역에 있는지 확인하고 '왼쪽 흰색' 구역으로 보냅니다. 음영 표시된 코드의 4번째 줄 끝에서 pi를 더하는 이유는, 그렇게 해야 공이 왼쪽으로 가기 때문입니다. 180°를 더하는 것과 같지요.

아직도 문제가 남았습니다. 181쪽 그림에서 10시 방향인 각은 4π/3 또는 -2π/3입니다. 같은 각도지요. 공이 처음 발사될 때는 첫 번째처럼 4π/3라고 표시하지만, 공이 2π/3 방향으로 가다가 오른쪽 배트에 맞아 튕겼을 때는 각에 -1을 곱하므로 -2π/3라고 표시합니다. 우리가 방금 쓴 코드는 4π/3이라고 썼을 때만 감지할 수 있습니다. 마차 바퀴의 왼쪽은 양수만 사용하고, 음수는 사용하지 않기 때문입니다. 음수를 쓰면 혼란이 생깁니다. 고로 다음 코드를 추가했던 것입니다.

```
self.d *= -1
self.d %= math.pi*2
```

앞에서 본 적 있죠? 이 코드는 음의 값을 그에 맞는 양의 값으로 바꾸어 줍니다. % 표시는 모드 modulus 연산을 의미합니다. 모드는 어떤 각이든지 0부터 해당하는 양수까지의 값으로 바꾸어 표시합니다. 음수인 각을 넣으면 그에 해당하는 양수로 바꾸어 준다는 말입니다. 각이 2π(360°)보다 크면, 0에서 다시 시작합니다. (위 코드의 math.pi*2 부분입니다.) 따라서 3π를 모드에 넣으면 π가 나옵니다. -3π의 모드도 π입니다. 지금 이해가 안 돼도 괜찮습니다. 이런 식으로 문제를 해결했다는 것만 알아두세요. 이제 임의로 각을 바꾸어도 게임을 망치지 않도록 고쳤습니다.

용이 갑자기 작은 고양이로 변하지 뭐야. 난 공중에 붕 뜨게 됐지만 상관없었어. 왜냐하면 여긴 어차피 중력 없으니까.

어쩐지, 바닥에 땅이 없어도 떨어지지 않더라니.

두 번째로 고칠 것은, 공이 배트와 부딪힐 때마다 가속되도록 하는 것입니다. 스피드speed 변수를 공 클래스의 __init__() 함수 안에 추가합시다.

```python
class Ball:
    def __init__(self):
        self.d = ((math.pi/3)*random.random()+(math.pi/3))+math.pi*random.randint(0,1)
        self.speed = 12
        self.dx = math.sin(self.d)*~~12~~ self.speed
        self.dy = math.cos(self.d)*~~12~~ self.speed
        self.x = 475
        self.y = 275
```

실행

bounce() 함수에 아래 음영 표시된 코드를 추가합니다.

```python
def bounce(self):
    if (self.y <= 0  and self.dy<0) or (self.y >= 550 and self.dy >0):
        self.dy *= -1
        self.d = math.atan2(self.dx,self.dy)
    for bat in bats:
        if (pygame.Rect(bat.x,bat.y,6,80).colliderect(self.x,self.y,50,50) and
        abs(self.dx)/self.dx == bat.side):
            self.d += random.random()*math.pi/4 -math.pi/8
            if (0 < self.d < math.pi/6) or (math.pi*5/6 < self.d < math.pi):
                self.d = ((math.pi/3)*random.random()+(math.pi/3))
            elif (math.pi < self.d < math.pi*7/6) or (math.pi*11/6 < self.d < math.pi*2):
                self.d = ((math.pi/3)*random.random()+(math.pi/3))+math.pi
            self.d *= -1
            self.d %= math.pi*2

            if self.speed < 20:
                self.speed *= 1.1
            self.dx = math.sin(self.d)* ~~12~~ self.speed
            self.dy = math.cos(self.d)* ~~12~~ self.speed
```

실행

만약 공이 배트에 닿으면 self.speed에 1.1을 곱합니다. 하지만 속도가 20 이하일 때만 그렇게 합니다. 20이 최대 속도입니다.

공이 배트에 닿을 때마다 자동으로가 아니라 플레이어들이 공을 배트로 때릴 때만 속도가 빨라지게 해 봅시다. 배트 관련 코드부터 만들어 봅시다. 왼쪽 플레이어가 Q 를 누르거나, 오른쪽 플레이어가 오른쪽 Shift 를 눌렀을 때, 배트가 5/100초 동안 스크린의 중심 쪽으로 10픽셀 정도 점프한 후, 다시 제자리로 돌아오도록요. 먼저 배트 클래스에 마지막으로 공을 친 시각을 기록할 수 있는 변수를 만듭니다. 이름은 마지막공친시각lastbop이라고 합시다. 이 변수는 클래스 밖에서 쓸 일이 전혀 없기 때문에 배트 클래스 안에 만듭니다.

배트 클래스 안에 bop() 함수도 만듭니다.

```
class Bat:
    def __init__(self,ctrls,x,side):
        self.ctrls=ctrls
        self.x=x
        self.y=260
        self.side=side
        self.lastbop = 0
(중략)
    def bop(self):
        if time.time() > self.lastbop + 0.3:
            self.lastbop = time.time()
```

bop() 함수는 마지막으로 공을 친 시각을 기록하고, 최소 0.3초마다 마지막공친시각lastbop 변수를 업데이트하지 못하도록 합니다. 플레이어가 쉬지 않고 계속 공을 치지 못하도록 말입니다. 그러면 너무 쉬워지지요. 프로그램 첫 줄에 time 모듈을 가져오는 것도 잊지 마세요.

```
import pygame, sys, math, random, time
```

게임이 처음 시작될 때 마지막공친시각은 0입니다. bop() 함수가 불려오면, if 문은 참값을 돌려주고, 마지막공친시각은 현재 시각으로 설정됩니다. 만약 0.3초가 지나지 않았는데도 함수가 불려지면 if 문은 거짓이라고 대답하고 마지막공친시각은 업데이트되지 않습니다. 0.3초가 지나면 if 문은 참이라고 대답하고 마지막공친시각은 새로운 값을 갖습니다.

이제 마지막공친시각 변수를 어떻게 사용하는지 알아봅시다. offset이라는 변수를 배트 클래스 draw() 함수 안에 넣습니다. offset은 무슨 일을 할까요?

```
def draw(self):
    offset = -self.side*(time.time() < self.lastbop+0.05)*10
    pygame.draw.line(screen,(255,255,255),(self.x+offset,self.y),(self.x+offset,self.y
    +80),6)
```

오른쪽 플레이어가 공을 치면 오른쪽 배트가 10픽셀만큼 왼쪽으로 이동해야 합니다. 마찬가지로 왼쪽 플레이어가 공을 치면 왼쪽 배트가 10픽셀만큼 오른쪽으로 이동해야 합니다. 어떤 키가 눌렸는지에 따라 오른쪽 또는 왼쪽 배트에 대해 bop() 함수가 실행됩니다. (bop() 함수를 불러오는 코드는 209쪽에서 볼 수 있습니다.) 어떤 키를 누를 때 실행되게 할지는 정하기 나름입니다. 왼쪽 플레이어는 Q를 눌렀을 때, 오른쪽 플레이어는 오른쪽 Shift를 눌렀을 때로 정하겠습니다.

offset이 만들어지는 2번째 줄을 보면 이 수식의 값은 세 수식의 곱으로 이루어져 있습니다.

첫 번째 변수는 **-self.side**입니다. 왼쪽 배트의 경우 -1이고, 오른쪽 배트의 경우 1입니다. 잘 모르겠다면 배트를 만드는 169쪽 코드를 참고하세요. 지금껏 왼쪽 배트에는 1을(1은 -1에 -1을 곱한 거죠), 오른쪽 배트에는 -1을 곱했습니다. 공을 칠 때 배트가 어느 쪽으로 움직일지 알 수 있겠지요?

마지막 수식은 **10**입니다. 이 수식은 배트가 얼마나 멀리 이동할지 알려 줍니다.

가운데 수식 **(time.time() < self.lastbop + 0.05)**는 조금 이상해 보입니다. 이 코드는 참이나 거짓 값을 돌려 줍니다. 키가 눌리면, bop() 함수가 불러오고 마지막공친시각^{lastbop}이 time.time()으로 정해집니다. 그 후 0.05초간은 참값을 돌려주지만 이후에는 거짓값을 돌려줍니다.

참은 1이고 거짓은 0이라는 것 기억나나요? (85쪽 참고) 왼쪽 배트가 함수를 부르면 0.05초간 offset은 1×1×10입니다. 오른쪽 배트가 부르면, 0.05초간 offset의 값은 -1×1×10이 되겠지요. 0.05초가 지나면 가운데 수식의 값이 0이 됩니다. 양쪽 모두에 대해 offset은 0이 됩니다.

> **참고**
>
> 이 코드는 배트를 잠깐 점프시키는 것입니다. 빠른 피스톤 같지요. 배트가 1개만 있었으면 훨씬 간단했을 것입니다. self.side를 안 써도 됐겠죠. 이 코드를 여러 번 읽으면서 이해해야 합니다. 왜냐하면 다른 곳에서도 자주 사용되는 코드기 때문입니다.

공을 치도록 해 봅시다. 앞에서 배트와 공 사이의 충돌이 감지되면, 속도가 20이 될 때까지 1.1
을 곱하는 코드를 bounce() 함수 안의 for 루프에 썼습니다. 그 코드를 다음과 같이 바꿉니다.

```
if self.speed < 20:
    self.speed *= 1.1
if time.time() < bat.lastbop + 0.05:
    self.speed *= 1.5
```

이 코드는 지난 0.05초 사이에 bop() 함수가 불려오면, 속도에 1.5를 곱하라는 것입니다. 이 속도
에 맞춰 플레이하려면 약간 연습이 필요하겠지만, 0.05초가 적당한 것 같습니다. 0.05를 0.1로 바
꾸면 공을 치기가 훨씬 쉬워질 것입니다.

위 코드의 1번째 줄을 다음과 같이 바꾸어 속도 제한을 20으로 걸어 봅시다.

```
if time.time() < bat.lastbop + 0.05 and self.speed < 20:
    self.speed *= 1.5
```

> **참고**
>
> 파이썬은 참을 1, 거짓을 0이라고 생각한다고 설명했습니다. 파이썬 쉘을 불러와서 2개의 참인 문장을 그냥 더해 보세요. (2<3) +
> (8>4)라고 쓰면 파이썬은 2라는 답을 돌려줍니다.
> (True+ True+ True)**2 같은 것도 해 보세요. 또는 False*82같은 것도 해 보세요. 또는 (2>9)*10 같은 것도 해 보세요. True과 False
> 을 쓸 때는 첫 문자는 대문자여야 합니다.

여자를 즐겁게 하는 법
알고 있는 거 맞지?

사실 너한테 설명서가
딸려 있길 바랬어.

마침내 bop() 함수를 불러옵니다. 앞에서 말했듯이, Q 또는 오른쪽 Shift 를 누르는 것을 공 치는 것으로 정합니다. 이것은 끝내기 섹션이 들어 있는 for 루프 안에서 일어납니다. 미사일 발사 버튼을 만들었던 것과 같은 방식입니다(137쪽).

```
for event in pygame.event.get():
    if event.type == QUIT:
        sys.exit()
    if event.type == KEYDOWN:
        if event.key == K_q:
            bats[0].bop()
        if event.key == K_RSHIFT:
            bats[1].bop()
pressed_keys = pygame.key.get_pressed()
```

실행

137쪽에서 누를 수 있는 키는 Space 하나뿐이었고, 키를 눌렀을 때 일어나는 일도 'fire() 함수를 불러온다' 단 하나뿐이었습니다. 여기서는 두 가지 입력이 가능하고, 두 가지 결과가 나와야 합니다. 플레이어가 2명이니까요. 따라서 KEYDOWN 이벤트가 있는지 확인하는 if 문 안에 2개의 if 문을 써야 합니다.

유령들이 시간 여행을 발명하면
나 자신을 쫓아다니는 게
훨씬 재미있어질 텐데.

또 다른 버그를 이야기해 볼게요. 공은 193쪽에서처럼 배트에 들러붙기도 하지만 스크린의 가장 위 또는 아래에 붙기도 합니다. 이 일은 공이 배트에 맞고 튕겨 그대로 스크린의 가장 위나 아래에 닿을 때 일어납니다.

이 프로그램은 공이 위나 아래에 닿았는지 감지하지만 만약 임의로 튕겨서 self.d 값이 감소되면, 다음 루프에서 공은 스크린의 위나 아래에서 완벽히 떨어져 나오지 않을 것입니다. 그러면 계속 다시 시도하고 튕기겠지요. 이것을 고치기 위해서는 공이 방금 부딪힌 모서리(위나 아래)를 향하여 움직이고 있을 때만 튕기도록 해야 합니다. 그래서 앞에서 bounce() 함수 안에 이렇게 썼답니다.

```
if (self.y <= 0 and self.dy < 0) or (self.y >= 550 and self.dy > 0):
```

이러면 공은 스크린의 가장 위에 닿고 나서 위쪽으로 향하거나(dy<0), 스크린의 가장 아래에 닿고 아래로 향할 때(dy>0)만 튕기게 됩니다.

평소대로 프로그램을 만들었고, 버그도 고쳤습니다. 처음 쓴 코드는 제대로 작동하지 않는 경우가 대부분입니다. 프로그래밍을 잘하게 될 수록 더 그렇습니다.

그냥 사소한 오류 수정 중이었어.

뭐 하는 중이라고 했더라?

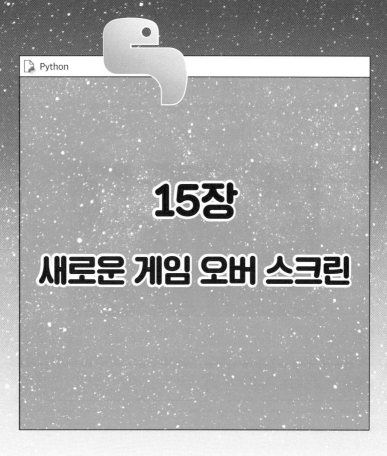

15장

새로운 게임 오버 스크린

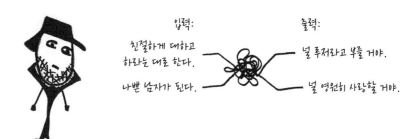

〈여친과의 관계〉

입력:

친절하게 대하고
하라는 대로 한다.

나쁜 남자가 된다.

출력:

널 루저라고 부를 거야.

널 영원히 사랑할 거야.

이제 게임 오버 스크린을 추가합니다. 이번에는 이미지를 만들고 그 위에 점수를 전송하는 게 아니라, 스크린에 직접 단어와 점수를 쓰겠습니다. 이렇게 하면 이미지 표시에 메모리를 적게 쓸 수 있습니다. 이런 게임에서는 메모리를 절약하는 것이 별로 중요하지 않지만, 다른 게임에서는 중요할 수도 있습니다. 스크린 완성본은 아래와 같습니다.

"점수score"라는 글자를 분홍색으로 두 번 쓰고, 글자 밑에 최종 점수를 씁니다. 물론 마음대로 화려하게 바꿔도 됩니다. 우선 2개의 새 폰트를 만들어야 합니다. 다음 코드를 프로그램의 셋업에 씁니다. 첫 번째 폰트를 만든 곳이지요.

```
font2 = pygame.font.SysFont("corbel",70)
font3 = pygame.font.Font(None,60)
```

두 번째 폰트font2는 corbel이라는 시스템 폰트를 사용하고 크기는 70으로 정합니다. 세 번째 폰트font3는 기본 폰트입니다. 크기만 60으로 바꾸었습니다.

이런 변수들은 게임 루프 안에서 사용되지만 매 게임 루프마다 바뀌는 것은 아니므로, 셋업에서 만듭니다. 사실 이 변수들은 전혀 바뀌지 않지요. 이 게임에서는 스크린, 시계, 이미지 같은 변수들도 바뀌지 않습니다.

게임 루프 안에 다음 코드를 넣습니다.

```
while 1:
(중략)
    if rscore > 9 or lscore > 9:
        txt = font2.render("score",True,(255,0,255))
        screen.blit(txt,(screen.get_width()/4 - txt.get_width()/2,screen.get_height()
/4))
        screen.blit(txt,(screen.get_width()*3/4 - txt.get_width()/2,screen.get_height()
/4))
        txt = font3.render(str(lscore),True,(255,255,255))
        screen.blit(txt,(screen.get_width()/4 - txt.get_width()/2,screen.get_height()
/2))
        txt = font3.render(str(rscore),True,(255,255,255))
        screen.blit(txt,(screen.get_width()*3/4 - txt.get_width()/2,screen.get_height()
/2))
        while 1:
            for event in pygame.event.get():
                if event.type == QUIT:
                    sys.exit()
            pygame.display.update()

    pygame.display.update()
```

실행

어려워 보이지만 찬찬히 읽어 보면 이해될 것입니다. 이 코드에 대해서 다음 몇 쪽 동안 설명하겠습니다. 이런 코드 뭉치는 게임 루프 안의 display.update() 앞에 나와야 합니다. 지금 display.update()는 2개 있습니다.

뭐가 중요하지?

같이 즐겁게 게임하면서 놀자.

우리만의 새 패션 브랜드를 런칭하고 수백만 달러를 벌자.

앞쪽 코드를 설명하겠습니다. 이 코드들은 게임 오버 스크린을 불러오기 전에 해야 하는 일입니다. 먼저 게임을 끝내는 장치를 만듭니다.

```python
if rscore > 9 or lscore > 9:
```

먼저 10점을 얻는 사람이 이기도록 하겠습니다. 위 코드는 플레이어 둘 중 하나가 9점을 초과하면 참값을 돌려줍니다. 따라서 둘 중 하나의 점수가 10이 되면 다음 코드가 실행됩니다.

```python
txt = font2.render("score",True,(255,0,255))
```

여기서 우리가 만든 두 번째 폰트를 사용하여 "점수score"라는 글자를 표시하고 색을 정합니다. "점수"는 문자열입니다. 점수score 변수와는 전혀 상관없습니다. 스크린 위에 점수라는 글자를 표시하는 것뿐입니다. 여기서도 txt 변수를 쓰네요. 계속 다시 정의하니까 괜찮습니다.

```python
screen.blit(txt,(screen.get_width()/4 - txt.get_width()/2, screen.get_height()/4))
screen.blit(txt,(screen.get_width()*3/4 -txt.get_width()/2, screen.get_height()/4))
```

screen.blit() 함수는 2개의 인자를 갖습니다.

첫 번째 인자는 전송할 객체입니다. txt 변수 안에 들어 있는 "score"라는 글자이지요.

두 번째 인자는 전송될 위치입니다. 1번째 줄에서 x좌표는 screen.get_width()/4 – txt.get_width()/2입니다. 즉, txt를 쓰는 지점의 x좌표는 스크린의 가로 1/4 지점이라는 뜻입니다. 2번째 줄에서 txt를 쓰는 지점의 x좌표는 스크린의 가로 3/4 지점이라는 것을 알 수 있습니다. y좌표는 둘 다 스크린의 가장 위에서 1/4만큼 내려온 지점입니다. 사실 txt의 높이의 반만큼을 빼지 않았기 때문에, 점수라는 글자의 가운데가 아니라 가장 위가 스크린의 세로 1/4지점이지요.

너 개 좋아하지?
그렇지만 내가 이길걸.

```
txt = font3.render(str(lscore),True,(255,255,255))
screen.blit(txt,(screen.get_width()/4 - txt.get_width()/2,screen.get_height()/2))
txt = font3.render(str(rscore),True,(255,255,255))
screen.blit(txt,(screen.get_width()*3/4 - txt.get_width()/2,screen.get_height()/2))
```

위 코드는 세 번째 폰트를 사용하여 lscore와 rscore 변수를 표시합니다. 앞쪽에서 한 것과 거의 같아요.

```
while 1:
    for event in pygame.event.get():
        if event.type == QUIT:
            sys.exit()
    pygame.display.update()
```

이제 루프 안에 갇혔지요. 게임 전체를 끝내지 않고도 이 루프에서 빠져나와서 게임을 다시 시작하는 방법은 뒤에서 알아보겠습니다.

지금은 게임에서 이기면 게임 오버 스크린이 표시되고 공과 배트가 멈추게 됩니다.

마이크에게
안나는 제멋대로인 나쁜 애야.
내가 그걸 모르는 이유는...

마사는 마이크에게 편지를 쓰려고 했지만 더 좋은 생각이 났다.

10점을 먼저 얻는 사람이 이긴 것으로 정할 수도 있고, 게임 시간을 제한해도 됩니다. 시간 제한은 쉽습니다. 프로그램의 1번째 줄에 time 모듈을 가져^{import}왔겠지요? match_start라는 변수를 만들어서 게임 시작부터 흐른 시간을 저장합니다. 다음 코드를 프로그램 셋업에 씁니다.

```
match_start = time.time()
```

게임이 끝나는 조건도 바꿉니다.

```
while 1:
(중략)
    if rscore> 9 or lscore > 9:
    if time.time() - match_start > 60:
```

60초가 지나면 위 코드는 참이 되어 게임은 끝납니다. 왜냐하면 게임이 시작될 때 match_start가 time.time()과 같은 값으로 설정돼 있기 때문입니다. time.time()은 매초 1씩 증가하므로, 60초 뒤에는 time.time()은 match_start보다 60만큼 커지게 돼 참이 됩니다.

마사, 우린 스케이트 타면서 놀다가
피자 먹을 건데,
너도 갈래?

내일 봐, 마사.

나... 난 이 프로젝트
끝내야 해.

스크린 위에 시계를 추가할 수도 있습니다. 게임 루프 안에서 배경 선과 원을 그리는 코드 다음에 쓰면 됩니다.

```
while 1:
(중략)
    pygame.draw.line(screen,(255,255,255),(screen.get_width()/2,0),(screen.get_width()
    /2,screen.get_height()),3)
    pygame.draw.circle(screen,(255,255,255),(int(screen.get_width()/2),int(screen.get_
    height()/2)),50,3)
    txt = font.render(str(int(time.time() - match_start)),True,(255,255,255))
    screen.blit(txt,(screen.get_width()/2 - txt.get_width()/2,20))
```

실행

첫 줄부터 봅시다. time.time() - match_start는 프로그램 시작 후 흐른 시간을 알려 줍니다. 그것을 int() 함수를 통해 정수로 만들고, 그 정수를 str() 함수를 사용해 문자열로 만듭니다. 이 문자열을 앞에서 만든 폰트로 표시합니다. 이 전체를 txt라는 변수에 저장하는 거지요.

2번째 줄은 스크린에 txt를 표시하는 코드입니다. 스크린의 중심에서 x축으로는 txt의 너비 반만큼 왼쪽으로 옮기고, y축 방향으로 20픽셀만큼 내립니다.

> **참고**
>
> 스크린 가운데 수직선을 그리는 코드(196쪽)로 가서 수직선이 스크린의 가장 위에서부터 50픽셀 아래에서 시작하게 만들어, 시계와 겹치지 않게 할 수도 있습니다. 또 시계 가장자리에 테두리를 그릴 수도 있지요. (이것은 각자 해 보기 바랍니다. 웹사이트의 코드에 들어 있습니다.)

시간을 증가시키는 대신 남은 시간을 표시하려면 아래처럼 바꾸면 됩니다.

```
txt = font.render(str(int(time.time()- match_start 60-(time.time() - match_start))),
True,(255,255,255))
```

실행

재시작 스위치를
코딩할 줄 알아서
다행이야.

Python

16장

게임 다시 시작

모두 삭제하고
다시 시작하는 거지.

후라!

예전에도 이런 적 있었던 것 같은데.

키 하나로 게임을 재시작해 봅시다. 지금까지는 게임을 끝낼 때 ☒를 눌러 게임이 끝날 때까지 돌아가는 while 루프 안으로 들어갔지만, break 문을 써서 루프에서 빠져나올 수도 있습니다 (142쪽). 일단 프로그램 셋업에 크기만 다른 새로운 폰트를 하나 더 만듭니다.

```
font4 = pygame.font.Font(None,30)
```

그리고 Space 를 눌러 루프 안에서 break 문이 작동되도록 만들어 봅시다.

```
while 1:
(중략)
        txt = font3.render(str(rscore),True,(255,255,255))
        screen.blit(txt,(screen.get_width()*3/4 - txt.get_width()/2,screen.get_height()/2))
        txt = font4.render("Press Space to restart",True,(255,255,255))
        screen.blit(txt,(screen.get_width()*5/9,screen.get_height()-50))
```

스크린의 가로 5/9, 세로 가장 밑에서 50픽셀만큼 위 지점에 "Press Space to restart다시 시작하려면 스페이스를 누르세요"라는 텍스트를 표시합니다. (따옴표 안에 써야만 문자열이 됩니다.)

```
while 1:
(중략)
        while 1:
            for event in pygame.event.get():
                if event.type == QUIT:
                    sys.exit()
            pressed_keys = pygame.key.get_pressed()
            if pressed_keys[K_SPACE]:
                break
            pygame.display.update()
    pygame.display.update()
```

실행

pressed_keys = pygame.key.get_pressed()의 추가 이유는 일단 while 루프 안에 빠져 버리면 메인 루프 안에서 눌린 키를 확인하지 않기 때문입니다. 다음 줄에서 눌린 키들 리스트의 항목 중에 Space 가 있는지 확인합니다. 있다면, break 문이 우리를 게임 루프 밖으로 밀어낼 거예요.

문제가 생겼습니다. 어떤 플레이어가 10점을 얻었거나, 60초가 지나버리면, 게임 루프는 우리를 바로 게임 오버 섹션으로 밀어버릴 것입니다. 다시 이 작은 while 루프 안으로 돌아와 버리게 되지요. 따라서 break로 빠져 나오기 전에 모든 게임 변수를 리셋해야 합니다.

```python
while 1:
    for event in pygame.event.get():
        if event.type == QUIT:
            sys.exit()
    pressed_keys = pygame.key.get_pressed()
    if pressed_keys[K_SPACE]:
        lscore = 0
        rscore = 0
        bats[0].y = 200
        bats[1].y = 200
        match_start = time.time()
        ball = Ball()
        break
    pygame.display.update()
```

실행

점수와 시계는 0으로 리셋되는 것은 물론 배트도 시작 위치로 돌아가야 합니다. 새로운 공도 만들어져야 하고요. 그래야 다시 플레이를 시작할 수 있겠지요.

여기 대체 뭐야?   나도 몰라.

게임이 끝나면 우리는 게임 오버 스크린으로 점프하지만, 스크린에는 아직 공이 표시돼 있습니다. 공이 안 보이면 더 좋겠지요? 게임 루프 안에는 screen.fill((0,0,0))이라는 코드가 있습니다. 이 코드는 스크린을 검은색으로 채웁니다. 직전 루프에서 일어난 모든 것을 덮어 버리지요. 그다음에 다양한 객체가 차례대로 스크린 위에 놓입니다. 따라서 다음과 같은 순서로 해야 합니다.

스크린 채우기

그 위에 원과 선 그리기

그다음에 배트

그다음에 공

그다음에 점수와 시계

그리고 조건을 만족시키면 게임 오버

공 섹션을 게임 오버 섹션 뒤로 옮기면, 게임 오버가 되는 루프 안에서 공은 보이지 않게 됩니다. 게임 오버가 프로그램을 멈춰 버리기 때문입니다.

물론 게임 오버 뒤로 스크린 칠하기를 옮길 수도 있습니다. 이렇게 하면 게임 오버와 관련된 것들은 검은색 스크린 위에 전송됩니다. 게임을 이긴 뒤에는 원과 선을 포함해 스크린 위에 표시되는 점수나 시계도 보이지 않게 될 것입니다. 원하는 대로 하세요.

이렇게 해서 퐁 게임이 끝났습니다. 친구와 대결해 보세요.

그거 뭐야?

노트북 같은데.
너랑 내 사진 6장이 케이스에 끼워져 있어.
이상하기도 하지.

이 코드 알 것 같아.
왜 인지는 모르겠지만
예전에 어디선가 본 것 같아.

난 뭔가 중요한 일을 하고 있었던 것 같은데.
그리고 여기 와서 누굴 만났지.
우리는... 모르겠다. 하나도 기억안나.

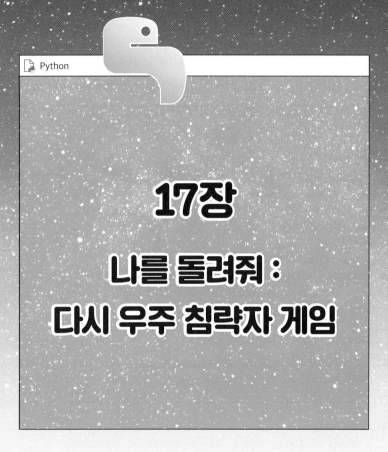

17장

나를 돌려줘 :
다시 우주 침략자 게임

네가 조금만 더 똑똑했더라면.

네가 조금만 더 똑똑했더라면.

이 장에서는 이미지를 회전하는 방법에 대해 알아보겠습니다.

우주 침략자 게임의 파이터 이미지를 회전시켜 봅시다. 먼저 File>New File을 눌러 새 파일을 하나 만들고 아래 코드를 씁니다. 실행하면 스크린 한가운데 놓인 파이터가 보입니다.

새 파일

📄 rotated.py

```
1   import pygame, sys
2   from pygame.locals import *
3   pygame.init()
4   clock = pygame.time.Clock()
5   screen = pygame.display.set_mode((1000,600))
6   fighter_image = pygame.image.load("images/fighter.png").convert()
7   fighter_image.set_colorkey((255,255,255))
8
9   class Fighter:
10      def __init__(self):
11          self.x = 450
12          self.y = 270
13
14      def draw(self):
15          screen.blit(fighter_image,(self.x,self.y))
16
17  fighter = Fighter()
18
19  while 1:
20      clock.tick(60)
21
22      for event in pygame.event.get():
23          if event.type == QUIT:
24              sys.exit()
25
26      screen.fill((0,0,0))
27      fighter.draw()
28
29      pygame.display.update()
```

실행

```
class Fighter:
    def __init__(self):
        self.x = 450
        self.y = 270
        self.dir = 0

    def turn(self):
        if pressed_keys[K_a]:
            self.dir += 1
        if pressed_keys[K_z]:
            self.dir -= 1
```

turn() 함수를 파이터 클래스에 추가합니다.

__init__() 함수 안에는 방향 변수를 추가합니다. 현재 파이터가 가리키는 방향은 위쪽인데, 이 방향을 0이라고 하겠습니다. 물론 아래쪽 방향을 0이라고 해도 상관없습니다. 악당들에서는 그렇게 했지요. 하지만 위쪽을 0으로 정해야 미사일 등의 방향을 정할 때 계산이 쉬워진다는 사실은 기억하세요.

turn() 함수가 dir에 양수를 더하면 파이터는 시계 반대 방향으로 회전합니다. while 루프 안에서 turn() 함수를 불러오는 것도 잊지 마세요.

```
while 1:
(중략)
    fighter.draw()
    fighter.turn()
```

참고

이번에는 60분법을 사용하겠습니다. 파이게임의 rotate() 함수를 사용하려면 60분법으로 표시해야 하니까요. 아까는 왜 라디안을 쓰라고 강조했냐고요? 일반적으로는 라디안을 사용하는 것이 좋으니까요. 하지만 특정 그래픽 타입에서는 문제가 생길 수도 있습니다. 파이썬은 라디안을, 그래픽 모듈인 파이게임에서는 60분법을 사용하는 걸 추천해요.

turn() 함수 안에서 눌린 키들 리스트 pressed_keys를 사용하기 때문에 게임 루프 안에서 반드시 이 리스트를 만들어야 합니다. 이 코드는 while 루프 안, 끝내기 섹션 바로 밑, screen fill() 함수 바로 위에 씁니다.

```
while 1:
(중략)
    pressed_keys = pygame.key.get_pressed()
    screen.fill((0,0,0))
```

self.dir의 값은 바뀌고 있지만, draw() 함수에서 self.dir을 사용하기 전까지 파이터는 돌지 않고 가만히 있을 것입니다. 파이터 이미지 표시는 파이터 클래스의 draw() 함수가 합니다. 회전된 파이터 이미지 표시는 파이게임 안의 rotate() 함수로 합니다.

```
class Fighter:
(중략)
    def draw(self):
        rotated = pygame.transform.rotate(fighter_image,self.dir)
        screen.blit(fighter_image rotated,(self.x,self.y))
```

실행

pygame.transform.rotate()에는 2개의 인자가 필요합니다. 첫 번째 인자는 회전 대상입니다. 여기서는 파이터 이미지이지요. 두 번째 인자는 이미지 회전 각도입니다. 이것은 self.dir로 정합니다. 음영 표시된 코드 1번째 줄에서 이 함수의 실행 결과 회전된 이미지를 rotated회전됨 변수에 저장합니다. 그다음 screen.blit() 함수는 rotated 변수를 (self.x, self.y)에 표시합니다. 키보드를 누르면 파이터가 회전하는 거죠. 그런데 뭔가 이상하다고요? 사실 어떤 이미지든 파이게임은 항상 양 옆과 위아래에 선을 그어 가능한 최소 크기의 직사각형을 만든답니다. 그리고 이 직사각형의 가장 위 왼쪽에 이미지를 놓는 거예요.

난 시키는 대로 할 뿐이야.
그런데 나보고 멍청하대!

네가 타자기였다면 그런 모욕을 당하지 않았을텐데.
똑똑해지면 욕 먹는다니깐.

파이터가 위로 올라가면 다음과 같은 직사각형이 생깁니다.

파이터가 회전하면, 파이게임이 만드는 직사각형의 모양과 크기가 달라집니다.

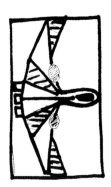

따라서 rotate() 함수를 사용해 시계 방향으로 회전시키면 아래 왼쪽처럼 보입니다. 우리가 원하는 건 오른쪽인데 말이죠.

이제 파이터가 회전할 때 미사일이 파이터의 코에서 나오지 않는 문제를 해결합시다. 회전 전에는 파이터의 코에서 미사일이 나왔습니다. 파이터가 회전하면 파이터의 코도 움직이지만, 미사일은 여전히 예전 위치에서 발사됩니다.

파이터의 코의 새로운 좌표 계산을 위해 다시 삼각비를 사용하는 것도 가능하지만, 그보다 파이터의 회전 중심에서 미사일이 발사되도록 하는 것이 훨씬 쉽습니다. 파이터의 회전 중심의 x좌표는 파이터의 x좌표에 파이터의 너비의 반을 더한 값입니다. 이 값은 이미 미사일에게 알려 주었지요. __init__() 함수 안의 x입니다.

회전 중심의 y좌표는 파이터의 y좌표보다 파이터의 높이의 반절만큼 아래인 위치입니다. 전에는 미사일에게 파이터의 y좌표를 알려 줬습니다. 이제는 미사일에게 파이터의 y좌표에 파이터의 높이의 반을 더한 값을 알려 줘야 합니다. x좌표를 계산하는 것과 비슷하지요.

```
class Fighter:
(중략)
    def fire(self):
        global shots
        shots += 1
        missiles.append(Missile(self.x+fighter_image.get_width()/2,self.y+fighter_image.
get_height()/2,self.dir))
```

실행

회전하지 않은 파이터가 미사일을 발사할 때는 제대로 보이지만, 회전할 때는 파이터의 코 쪽에서 비뚤어진 미사일이 나옵니다. 회전 중심에서 발사되는 미사일이 코 쪽으로 올 때쯤이면 코는 왼쪽이나 오른쪽으로 회전해버렸기 때문입니다. 이런 일을 막으려면 미사일을 플레이어의 코앞으로 점프시키고 그려야 합니다. 발사 위치는 여전히 중심이지만, 그려지기 시작하는 것은 코를 지난 다음일 테니까요.

오른쪽 그림에서의 점선은 235쪽의 dx와 dy의 경로의 확대 버전입니다. 미사일의 시작점을 코앞으로 정하기 위해서는 우리는 그냥 미사일의 시작점에 dx와 dy의 확대 버전을 더하기만 하면 됩니다. (음수지만 더한다고 표현합니다.)

```
class Missile:
    def __init__(self,x,y,dir):
        self.x = x - math.sin(math.radians(dir))*60
        self.y = y - math.cos(math.radians(dir))*60
        self.dx = -math.sin(math.radians(dir))*5
        self.dy = -math.cos(math.radians(dir))*5
```

회전 중심을 찾고 코에 도착하기 위해 x와 y의 값을 얼마나 바꿔야 하는지 계산하기 위해 삼각비를 사용했습니다. 코의 위치를 정하기 위해 삼각비를 쓰지 않겠다고 했지만 쓴 거나 다름없네요.

위 코드의 순서를 바꿔서 만들지도 않은 변수를 참조하지 않게 할 수도 있습니다.

```
def __init__(self,x,y,dir):
    self.dx = -math.sin(math.radians(dir))*5
    self.dy = -math.cos(math.radians(dir))*5
    self.x = x+self.dx*12
    self.y = y+self.dy*12
```

이런 버그 수정은 중요할 수도, 아닐 수도 있습니다. 그러나 많은 프로그래머가 가능한 한 완벽하게 만들려고 노력합니다. 완벽주의와 시간 낭비 사이의 올바른 균형을 찾아보세요.

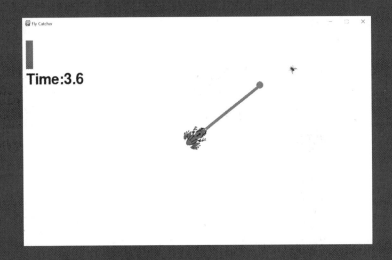

파리 잡기 게임

파리 잡기 게임을 만들어 봅니다. 화살표 키를 눌러 개구리를
회전시킵니다. 스페이스 키를 눌러 개구리의 혀를 뻗게 해 파
리를 잡아먹습니다.

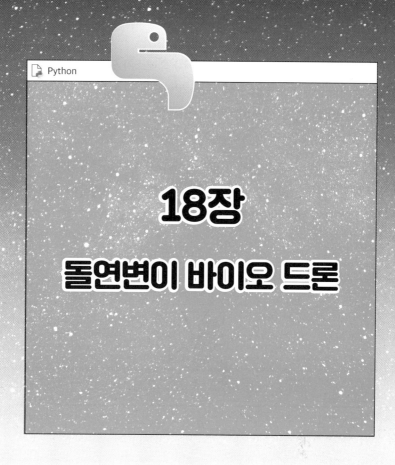

18장
돌연변이 바이오 드론

나 아직 아이디어 생각 중이야.
근데 진짜 돌연변이 바이오 드론들
짜증난다.

이 상자 치우는 것 좀 도와줘.
도대체 어디서 나왔는지 모르겠네.

개구리
만들기
사용설명서

다음 쪽 프로그램에는 돌연변이 바이오 드론(=파리) 클래스가 있습니다. 파리는 스크린 위의 임의의 위치에 나타납니다. 전체 프로그램이 이해되는지 읽어 보세요.

셋업에서는 시간과 랜덤 모듈을 가져오고, 파리 이미지도 가져옵니다.

클래스, 리스트를 만듭니다.

게임 루프에서는 0.5초마다 새로운 파리를 만들고 draw() 함수를 부릅니다.

파리 이미지는 다운로드해도 되고 스스로 그려도 됩니다. 항상 그렇듯이 게임 이미지는 아래처럼 상세하지 않아요. 사실 픽셀이 꽤 크게 보이지요.

📄 fly.py

```
 1  import pygame, sys, time, random
 2  from pygame.locals import *
 3  pygame.init()
 4  clock = pygame.time.Clock()
 5  pygame.display.set_caption("Fly Catcher")
 6  screen = pygame.display.set_mode((1000,600))
 7  fly_image = pygame.image.load("images/fly.png").convert_alpha()
 8  spawn_time = time.time()
 9
10  class Fly:
11      def __init__(self):
12          self.x = random.randint(0,screen.get_width()-fly_image.get_width())
13          self.y = random.randint(0,screen.get_height()-fly_image.get_height())
14
15      def draw(self):
16          screen.blit(fly_image,(self.x,self.y))
17
18  flys = []
19
20  while 1:
21      clock.tick(60)
22      for event in pygame.event.get():
23          if event.type == QUIT:
24              sys.exit()
25
26      if time.time() - spawn_time> 0.5:
27          flys.append(Fly())
28
29      screen.fill((255,255,255))
30
31      for fly in flys:
32          fly.draw()
33      pygame.display.update()
```

실행

파리 클래스 __init__() 함수에서 파리의 x좌표를 0과 스크린 너비에서 파리 너비만큼 뺀 값 사이의 임의의 값으로 정했습니다. y좌표도 비슷한 방법으로 정했지요. 스크린의 높이에서 파리의 높이를 뺀 값과 0 사이의 임의의 값으로 정해 파리가 스크린 밖으로 빠져 나오지 않도록 했습니다.

이제 시작해 봅시다! 지금은 파리가 모두 같은 방향을 보고 있네요. 다 다른 방향을 바라보게 만들어 봅시다.

```
class Fly:
    def __init__(self):
        self.x = random.randint(0,screen.get_width()-fly_image.get_width())
        self.y = random.randint(0,screen.get_height()-fly_image.get_height())
        self.dir = random.randint(0,359)

    def draw(self):
        rotated = pygame.transform.rotate(fly_image,self.dir)
        screen.blit(fly_image rotated,(self.x,self.y))
```

실행

훨씬 보기 좋지요? rotate() 함수는 파이게임에 들어 있는 함수이므로 60분법으로 각을 표시했습니다.

> 참고
>
> 재미삼아 파리를 앞으로 전진하게 만들어 보세요.

이 게임에는 파리 한 마리만 나오도록 하겠습니다. 파리들 리스트 코드를 삭제하고, 인스턴스 하나만 만드는 코드를 추가합니다.

```
flys= []
fly = Fly()
```

0.5초마다 새로운 파리를 만드는 코드도 필요 없습니다. 이전 파리들 리스트에 새로운 파리를 추가하는 코드 두 줄도 삭제하세요.

```
while 1:
(중략)
    if time.time() - spawn_time> 0.5:
        flys.append(Fly())
```

더 이상 쓰지 않으니까 셋업에서 spawn_time도 삭제합니다.

```
spawn_time = time.time()
```

for 루프가 draw() 함수를 불러올 필요도 없습니다. 파리는 한 마리니까 draw() 함수도 1번만 불러오도록 바꿉니다.

```
while 1:
(중략)
    for fly in flys
        fly.draw()
    fly.draw()
```

실행

이렇게 바꾸면 스크린에 파리가 나타나 아무것도 하지 않은 채 앉아 있습니다.

파리에게 spawn_time^{나오는 시각}이라는 변수를 만들어 줍시다. 우리가 삭제한 spawn_time은 새로운 파리를 만들기 위해 시간을 기록하는 변수였습니다. 새 spawn_time은 파리 클래스의 __init__() 함수 안에 만들어야 합니다. 개별 파리의 인생에서 시간 기록에 사용할 것입니다.

```python
class Fly:
    def __init__(self):
        self.x = random.randint(0,screen.get_width()-fly_image.get_width())
        self.y = random.randint(0,screen.get_height()-fly_image.get_height())
        self.dir = random.randint(0,359)
        self.spawn_time = time.time()
```

이제 spawn_time을 만들었으니 파리가 스크린에 나타나는 시각을 늦추고, 사라지는 시각을 정할 수 있습니다. 이 일은 draw() 함수 안에서 합니다.

```python
class Fly:
(중략)
    def draw(self):
        if time.time() > self.spawn_time+1.4 and time.time() < self.spawn_time+3.4:
            rotated = pygame.transform.rotate(fly_image,self.dir)
            screen.blit(rotated,(self.x,self.y))
```

> 실행

파리가 만들어지고 1.4초 뒤에 if 문의 첫 번째 조건인 time.time() > self.spawn_time + 1.4가 충족됩니다. (두 번째 조건도 충족되지요.) 3.4초 뒤에는 두 번째 조건이 거짓이 됩니다. 따라서 파리 이미지는 파리가 만들어지고 난 뒤 1.4초와 3.4초 사이에만 표시됩니다. 파리가 스크린에 총 2초 동안만 나타난다는 말입니다.

파리를 앵앵거리게 해 봅시다. 인터넷에 무료 음향 효과 파일이 많이 있습니다. 직접 만들 수도 있고 웹사이트에서 다운받을 수도 있습니다. 파일 이름은 fly-buzz.ogg입니다. pythonfiles 폴더 안에, sounds라는 폴더를 만들어 그 안에 이 파일을 넣으세요. 파이게임은 보통 그래픽 패키지로 알려져 있지만, 음향도 사용할 수 있습니다. ogg와 wav파일은 사용가능하지만 mp3파일은 안됩니다. 다음 코드를 프로그램의 셋업, 파리 이미지 코드 밑에 넣습니다.

```
fly_sound = pygame.mixer.Sound("sounds/fly-buzz.ogg")
```

이 음향 효과는 1.4초 동안 지속됩니다. 왜 앞에서 1.4초를 기다렸는지 알겠지요? 파리가 만들어 질 때 플레이를 시작하면 앵앵거리는 소리가 들린 후 파리가 나타납니다. 다음 코드를 __init__() 함수에 추가하면 됩니다.

```
class Fly:
    def __init__(self):
        (중략)
        fly_sound.play()
```

실행

이미지를 사용할 때처럼, 파이게임에는 소리 사용을 도와주는 함수들이 있습니다. 음향 효과의 길이를 구해 코드에 직접 써넣는 대신, fly_sound.get_length() 함수를 쓸 수도 있지요.

소리가 있으니 좋다.
어릴 때 엄마가 날 재울 때
U.S. Robotics USR5686G
다이얼 모뎀을 켰었지.
아직도 모뎀 다이얼 소리가 좋아.

언젠가 그 소리를 다시 들을 수 있는 날이 오길 바라.

파리가 나타나는 과정은 다음과 같습니다. 프로그램이 fly = Fly()를 실행하면 파리의 인스턴스가 만들어집니다. 게임 루프에서 draw() 함수를 불러오면 스크린에 파리가 그려지고, 3.4초가 지나면 사라집니다.

이 사이클을 반복해 조금 뒤에 다시 나타나게 해 봅시다. __init__() 함수에서 소리를 플레이하도록 만들었기 때문에, 소리를 다시 재생하려면 새로운 파리를 만들어야 합니다.

퐁 게임에서 공을 만들었던 것과 비슷합니다. 득점한 다음 새로운 공이 스크린 한가운데에 나타났지요. 여기서도 같은 식으로 합니다. 4.4초 뒤에 새로운 파리가 나오도록 만들겠습니다. 이전 파리의 데이터는 파이썬의 쓰레기하치장에서 삭제할 것입니다. 다음 코드를 게임 루프 안, screen fill() 함수가 나오기 전에 쓰세요.

```
while 1:
(중략)
    if time.time() > fly.spawn_time + 4.4:
        fly = Fly()
    screen.fill((255,255,255))
```

실행

이전 파리가 만들어지고 나서 4.4초 뒤에 새로운 파리가 만들어지는 것을 볼 수 있습니다. 프로그램이 앵앵거리는 소리를 플레이하면, 파리가 2초 동안 스크린에 보여집니다. 그리고 1초 동안에는 스크린 위에 아무것도 없다가 새로운 파리가 나타납니다. 이 사이클이 반복됩니다.

> **참고**
>
> fly.spawn_time은 파리 클래스에서 spawn_time 이라는 변수를 가져온다는 뜻입니다. 게임 루프 안에서 클래스의 변수의 값을 읽어 오고 싶으면 이렇게 쓰면 됩니다. __init__() 함수에서 새로운 파리가 만들어질 때 spawn_time의 값은 리셋됩니다.

Python

19장

시작 메뉴

내 프로세서가 고장나서
메모리 참조 위치가 잘못돼 버렸어.
어젯밤 교류(AC)를
얼마나 섭취한 거지?

엄청난 숫자들이 마구마구
들어오는데 아무런 데미지를 못했어.
난 이제 땅...

이전 게임들에서 게임 오버 스크린은 만들었지만, 게임 시작 스크린은 만들지 않았습니다. 시작 스크린은 제목 페이지라고도 부르지요. 프로그램이 실행되면 시작 스크린이 나타나고, 누르면 게임이 시작되는 버튼이 있으면 좋겠습니다. 먼저 프로그램의 셋업에 메뉴menu라는 변수를 만듭니다.

```
menu = "start"
```

우리가 만들려고 하는 게임 루프를 의사 코드로 표시하면 다음과 같습니다.

```
셋업
클래스
리스트
while l:
        끝내기 옵션
        만약 메뉴가 "시작"이면
                시작 스크린으로 이동
                만약 시작 버튼이 눌리면
                        메뉴를 "게임"으로 바꾸기
        만약 메뉴가 "게임"이면
                게임 코드로 가기
        업데이트 표시하기
```

플레이어가 시작 스크린에 있든지 실제 게임을 하고 있든지 항상 끝낼 수 있어야 합니다. 마찬가지로 업데이트 표시하기도 우리가 어디 있든 상관없이 작동해야 합니다.

시작 스크린에서는 사진을 하나 사용하겠습니다.

새로 만들어도 되고 이 이미지를 사용해도 됩니다. 가로는 1000픽셀이고 세로는 600픽셀입니다. 언제나 그렇듯이 웹사이트에서 다운받을 수 있어요. 물론 images 폴더에 넣어야겠지요. 이미지를 불러올 코드를 프로그램의 셋업에 써넣습니다.

```
homescreen_image = pygame.image.load("images/flycatcher_home.png").convert_alpha()
```

게임 시작 전 누를 버튼을 만들기 전에, 폰트부터 만들어야 합니다. 버튼 위에는 "Play"라고 쓸 예정입니다. 역시 셋업에 쓰세요.

```
font = pygame.font.SysFont("draglinebtndm",60)
```

draglinebtndm은 시스템 기본 폰트입니다. 여러분의 컴퓨터에도 같은 폰트가 있겠지만 만약 없으면 다른 것을 선택해도 됩니다. 그대로 둬도 되고요. 그럼 자동으로 시스템 기본 폰트로 표시되니까요.

프로그램에 음영 표시된 부분을 추가합니다. 아직 작동하지는 않지만, 버튼은 보여야 합니다.

```
while 1:
    clock.tick(30)
    for event in pygame.event.get():
        if event.type == QUIT:
            sys.exit()
    pressed_keys = pygame.key.get_pressed()

    if menu == "start":
        screen.blit(homescreen_image,(0,0))
        txt = font.render("Play",True,(255,255,255))
        txt_x = 705
        txt_y = 435
        buttonrect = pygame.Rect((txt_x,txt_y),txt.get_size())
        pygame.draw.rect(screen,(200,50,0),buttonrect)
        screen.blit(txt, (txt_x, txt_y))

    if menu == "game":
        if time.time() > fly.spawn_time + 4.4:
            fly = Fly()
        screen.fill((255,255,255))
        fly.draw()
    pygame.display.update()
```

게임 루프는 메뉴가 "start"일 때와 "game"일 때, 두 가지의 상태를 갖습니다. 시작할 때의 메뉴는 "start"이 되도록 셋업에 menu = "start"라는 코드를 썼지요. 메뉴가 "start"일 때는 가장 먼저 시작 스크린 이미지가 나타납니다. 이미지는 스크린과 같은 크기이고, (0, 0)에 위치하므로 메뉴가 "start"일 때는 screen.fill() 함수를 쓸 필요가 없습니다. 조금 작은 이미지 또는 텍스트로 만든 시작 스크린이었다면 screen.fill() 함수를 써야 했겠지요. 시작 스크린이 전체를 덮지 못했을 테니까요.

> **참고**
>
> clock.tick() 함수, 끝내기 섹션, pygame.display.update는 메뉴에 상관없이 실행됩니다. 플레이어가 시작 스크린을 보든 게임을 플레이하든 세 가지 모두 필요하기 때문입니다.

눌린 키들 리스트$^{pressed\_keys}$ 관련 코드는 앞에도 많이 나왔으므로 여기에서는 설명하지 않겠습니다. 나머지 코드를 봅시다.

```
txt = font.render("Play",True,(255,255,255))
txt_x = 705
txt_y = 435
buttonrect = pygame.Rect((txt_x,txt_y),txt.get_size())
```

1번째 줄에서 버튼 위 텍스트와 색을 정했습니다. 색깔 버튼 위에 쓸 것이므로 "Play"라는 텍스트 색은 흰색으로 정했습니다. 버튼을 만들 예정이므로 텍스트는 아직 표시하지 않습니다.

2번째, 3번째 줄에서는 텍스트 위치를 결정하는 txt_x와 txt_y 변수를 만들어 둡니다. 좌표에 이름을 붙여 코드를 읽기 쉽게 하기 위해서지요. 텍스트 위치는 뒤에서도 사용할 거거든요. 이렇게 하면 좌표를 바꿀 때 숫자를 1번만 바꾸면 되기도 하고요.

4번째 줄에서는 또 다른 변수를 하나 더 만듭니다. 버튼사각형^{buttonrect}입니다. 이렇게 변수로 만들어 두면, 등호의 우변을 쉽게 불러올 수 있습니다. 읽기도 쉽지요. pygame.Rect()는 이전에 몇 번 본 함수지요? 여기서는 인자를 2개 줍니다. 첫 번째 인자는 텍스트를 놓을 지점의 좌표입니다. get_size() 함수를 사용하여 txt 변수 안에 저장한 텍스트의 크기를 가져옵니다. 그러면 buttonrect 변수에 "Play" 텍스트와 위치가 같고 크기도 같은 직사각형이 저장됩니다. 이 직사각형은 당연히 보이지 않습니다.

> **참고**
> 만약 pygame.Rect()에 4개의 인자를 주고 싶으면 다음과 같이 쓰면 됩니다.
> buttonrect = pygame.Rect(txt_x, txt_y, txt.get_width(), txt.get_height())

안녕, 폐로 숨쉬고 몸 안에
생식 기관이 있고 발톱이 달린
작고 까만 생명체야.
따서 폐로 숨쉬고
몸 안에 생식 기관이 있고
발톱이 달린
너의 저녁거리를 가져가렴.

그냥 고양이라고 불러.

아래 코드로 buttonrect에 저장된 크기와 좌표를 갖는 직사각형을 실제로 그립니다. txt에 저장된 글씨("Play")를 바로 이 직사각형의 위에 표시하는 거예요.

```
pygame.draw.rect(screen,(200,50,0),buttonrect)
screen.blit(txt, (txt_x, txt_y))
```

직사각형이나 글씨는 모두 (txt_x, txt_y)에 위치합니다. 따라서 위 순서대로 써야 직사각형 위에 글씨가 쓰입니다. 반대로 하면 글씨 위에 직사각형이 그려지니 글씨가 보이지 않겠지요. 이런 이유로 글씨를 만들고 바로 표시하지 않았습니다.

프로그램을 실행시키면 앵앵거리는 소리가 들립니다. 클래스 밑에 있는 코드에서 파리 한 마리가 만들어졌기 때문입니다. (이 일은 게임 루프가 실행되기 전에 일어나지요.) 그런데 파리는 아직 나타나지 않습니다. 메뉴가 "game"으로 바뀌어야 게임 루프에서 draw() 함수가 실행되기 때문입니다. 하지만 __init__() 함수는 파리가 만들어질 때 불려옵니다. 이 문제는 257쪽에서 고치겠습니다.

왜 노트북 카메라에다 테이프 붙여 놨어?

나한테 더 좋은
생각이 있어.

FBI나 MI6에서 감시할까봐.

방금 만든 "Play" 버튼을 마우스로 클릭했는지 감지해야 합니다. pygame.Rect()로 만든 직사각형을 사용해 봅시다. 앞에서 burronrect 변수에 이 직사각형의 정보를 저장했습니다. 따라서 pygame.Rect.collidepoint() 함수와 그 인자를 모두 쓰는 대신, buttonrect.collidepoint() 함수를 쓰면 됩니다. buttonrect를 반드시 만들어야 하는 것은 아닙니다. 여기에서는 코드를 읽기 쉽게 하기 위해 만들었을 뿐입니다. 이제 앞쪽에서 쓴 코드 밑에 다음과 같이 씁니다.

```
while 1:
(중략)
    if menu == "start":
        (중략)
        screen.blit(txt, (txt_x, txt_y))
    if pygame.mouse.get_pressed()[0] and buttonrect.collidepoint(pygame.mouse.get_pos()):
        menu = "game"
```

실행

pygame.mouse.get_pressed()은 마우스 버튼의 클릭 여부를 리스트로 만듭니다. pygame.key.get_pressed()와 매우 비슷하지요(59쪽 참고). 이 함수는 리스트의 첫 번째 항목, 그러니까 0번 항목이 참인지(마우스 클릭)를 확인합니다. 0번 항목은 왼쪽 마우스 버튼 클릭, 1번 항목은 가운데 마우스 버튼 클릭, 2번 항목은 오른쪽 마우스 버튼 클릭입니다.

두 번째 조건은 마우스 화살표의 좌표(mouse.get_pos())가 buttonrect로 만든 직사각형 안에 있는지 확인합니다. collidepoint()는 직사각형과 점이 겹치는지 감지하는 함수입니다(96쪽 참고).

정리하면, 1번째 줄은 마우스로 buttronrect 직사각형 위를 클릭했는지를 확인합니다. 만약 참이라면, 즉 마우스를 클릭했다면, 메뉴를 "game"으로 바꿉니다. "Play" 버튼을 누르면 파리의 4.4초 생애가 시작되는 거지요.

이 마스크 정말 멋지다.

이런 방식으로 get_pressed() 함수를 사용하는 게 이상해 보일 수도 있습니다. 하지만 앞에서도 이렇게 했던 적이 있습니다(61쪽 참고). pygame.key.get_pressed()는 눌린 키들 리스트^{pressed_keys}를 만드는 함수입니다.

```
pressed_keys = pygame.key.get_pressed()
if pressed_keys[K_RIGHT]:
    xpos += 1
```

1번째 줄을 보면 pressed_keys와 pygame.key.get_pressed()는 같습니다. 따라서 위 코드 세 줄은 아래 두 줄로 바꿔 쓸 수 있습니다.

```
if pygame.key.get_pressed()[K_RIGHT]:
    xpos += 1
```

pressed_keys를 pygame.key.get_pressed()의 줄임말로 사용한 것이지요. 매번 긴 함수를 쓰는 시간을 줄이기 위해 일반적으로 이렇게 씁니다. 개발자들은 보통 그냥 keys라고 씁니다. p_k라고 써도 됩니다. 물론 그냥 pygame.key.get_pressed()라고 계속 써도 되지요. 앞에서도 말했듯이 개인 취향과 다른 사람들이 쓰는 방식 사이의 균형의 문제지요. 다른 사람이 코드를 볼 가능성이 있다면, 코드를 읽기 쉽게 상식적인 이름을 써서 깔끔하게 써야겠지요. 아무도 코드를 볼 사람이 없다면 마음대로 써도 됩니다.

〈런던 지하 벙커〉

fly = Fly()가 실행되면 파리가 만들어지고, __init__() 함수가 불려오면서 파리 소리가 납니다. 앵앵거리는 소리 말이에요. 게임 시작도 전에 앵앵 소리가 나는 것이지요. 이 문제를 어떻게 해결할까요? 가장 쉬운 방법은 코드 삭제입니다. 어차피 아래 코드로 계속 새로운 파리를 만드니까요.

```
if time.time() > fly.spawn_time + 4.4:
    fly = Fly()
```

하지만 이러면 안 됩니다. 이 if 문에는 fly.spawn_time가 들어 있지만, 파리가 만들어지기 전에는 fly.spawn_time은 없습니다. 파리는 위 코드 실행 전에 만들어져야 합니다. 메뉴가 "game"이 되기도 전에 소리가 나므로 파리 클래스의 인스턴스를 만들 수도 없지만, if 문을 실행시키려면 인스턴스를 안 만들 수도 없는 상황인 셈입니다. 해결책은 파리 클래스 밑의 fly = Fly()를 바꾸는 것입니다.

```
fly = Fly() None
```

파리 클래스의 인스턴스를 만들지 않고 일단 fly라는 변수를 만들면 앵앵 소리도 안 나지요. "None"은 플레이스 홀더place holder입니다. 일반적으로 변수를 만듦과 동시에 값을 주지만, 플레이스 홀더는 일단 만들어 놓고, 값은 나중에 주는 것입니다. 즉, 파리는 존재하지만 그와 관련된 값은 없습니다. 이어서 위의 if 문을 아래와 같이 바꿉니다.

```
while 1:
    (중략)
    if menu == "game":
        if fly == None or time.time() > fly.spawn_time + 4.4:
            fly = Fly()
```

실행

이제 메뉴가 "game"으로 바뀌면, fly는 None이 돼 if 문의 첫 번째 조건을 참으로 만듭니다. 파이썬은 위와 같이 "or"가 있는 if 문 안에서 참을 받으면 웃으면서 다음 줄로 넘어갑니다. "or" 뒤의 조건은 참인지 거짓인지 알 필요도 없으므로 읽지도 않습니다. 따라서 fly.spawn_time을 찾지 않으므로 오류가 나지 않습니다. 다시 말해 "만약 A 또는 B"라는 if 문이 있다고 해 봅시다. A가 참이라면, 파이썬은 B를 읽지 않습니다. B가 오류를 일으켜도 보이지 않지요. 위 문장을 "만약 B 또는 A"로 바꾸면 B는 오류를 일으키고 파이썬은 충돌합니다.

위 코드의 2번째 줄에서는 파리 클래스의 인스턴스를 하나 만듭니다. 따라서 fly는 더 이상 None없음이 아니지만 그때부터는 fly.spawn_time 값이 있으니까 새로운 파리가 만들어져도 상관없습니다.

혀가 긴 개구리

개구리 이미지를 불러옵시다. 다음 코드를 셋업에 쓰세요. 여러 번 말했지만, 이미지 파일은 다운받거나 그려서 images 폴더 안에 넣어 둬야 합니다.

```
frog_image = pygame.image.load("images/frog.png").convert_alpha()
```

기본적인 개구리 클래스를 만듭니다. 개구리 클래스는 파리 클래스 밑에 쓰면 됩니다.

```
class Frog:
    def __init__(self):
        self.dir = 0
    def move(self):
        if pressed_keys[K_LEFT]:
            self.dir += 4
        if pressed_keys[K_RIGHT]:
            self.dir -= 4
    def draw(self):
        rotated = pygame.transform.rotate(frog_image,self.dir)
        screen.blit(rotated, (screen.get_width()/2-rotated.get_width()/2,screen.get_height
()/2-rotated.get_height()/2))
```

개구리의 인스턴스도 하나 만듭니다. 이젠 말 안 해도 알 수 있겠지요?

```
fly = None
frog = Frog()
```

게임 루프 안에 있는, "menu == game"으로 시작하는 if 문 안에서 개구리의 move() 함수와 draw() 함수를 불러와야 합니다.

그런데 먼저 개구리의 draw() 함수를 불러오고, 그다음에 파리의 draw() 함수를 불러와야 합니다. 파리가 개구리보다 나중에 그려져야 하기 때문입니다.

```
if menu == "game":
    if (fly == None or time.time() > fly.spawn_time + 4.4):
        fly = Fly()

    screen.fill((255,255,255))
    frog.move()
    frog.draw()
    fly.draw()
```

실행

이제 스크린 한가운데 개구리 한 마리가 생겼습니다. 키보드의 화살표 키를 누르면 이 개구리는 빙빙 돕니다.

```
while 1:
(중략)
        frog.move()
        frog.draw()
        fly.stick()
        fly.draw()
    pygame.display.update()
```

실행

좋은 소식이야. 스웨덴에서 새로 나온
침팬지 대상 의학 연구 결과에 의하면
얼굴 표정으로 드러나는 다양한 감정을
읽지 못하는 나의 무능력이 극복될 수 있을지도 모른데.
그러면 우리 사이에 오해가 줄어들고
우리가 장수 커플이 될 가능성이 높아지겠지.

마사?

이제 파리의 draw() 함수를 수정하겠습니다. 의사 코드로 표현하면 다음과 같습니다.

만약 부딪히면

    파리를 혀에 달라붙게 해

만약 부딪히지 않았으면

    예전처럼 파리가 나타났다 사라지게 해

실제 코드는 다음과 같습니다.

```
class Fly:
    (중략)
    def draw(self):
        if self.stuck:
            tpos = frog.get_tongue_pos()
            screen.blit(fly_image,(tpos[0]-fly_image.get_width()/2,tpos[1]-fly_image.get_
height()/2))
        elif time.time() > self.spawn_time + 1.4 and time.time() < self.spawn_time + 3.4:
            rotated = pygame.transform.rotate(fly_image,self.dir)
            screen.blit(rotated,(self.x,self.y))
```

> 실행

if self.stuck:은 참 아니면 거짓값을 줍니다. 처음에는 거짓이었으나 혀가 파리에 닿으면 참이 됩니다. 참이 되면 tpos를 혀의 좌표로 정합니다. 여기서의 tpos는 stick() 함수의 tpos와 전혀 상관없습니다. 같은 일을 하고, 이름도 같지만 엄연히 다른 변수입니다. 다른 함수 안에 있으니까요.

그다음 줄에서 파리 이미지를 혀의 중심에 표시합니다. (tpos[0]-fly_image.get_width()/2, tpos[1]-fly_image.get_height()/2)에 파리 이미지를 표시하면 파리는 혀의 중심에 놓입니다. (반면 파리를 tpos에 놓으면 가장 위 왼쪽이 혀의 중심에 놓이게 되지요.) 그리고 self.stuck이 거짓이면 elif 문이 실행됩니다. 혀가 파리에 닿으면 방향을 바꾸어 개구리에게 돌아가는 거예요. draw() 함수가 불려올 때마다 tpos가 업데이트되고, 그러면 파리는 혀와 같이 움직이거든요.

> 참고
>
> 파리가 혀 가운데 있는 것처럼 보이지 않을 수도 있습니다. 그럴 때는 개구리와 파리의 함수를 불러오는 순서를 확인하세요. 혀가 움직이기 전에 파리가 그려지면 파리는 혀의 중심에 나타나지 않습니다. 파리 다음 혀가 그려지면 보이지 않고요. 혀 밑에 깔려 있으니까요. 코드를 쓸 때는 함수가 불려오는 순서도 고려해야 합니다.

파리가 없어도 잡을 수 있다는 것을 눈치챘나요? 우리는 파리가 만들어진 뒤 1.4초에서 3.4초 사이에만 스크린에 표시했습니다. 하지만 파리의 stick() 함수는 4.4초라는 파리의 생애 전체 동안 파리를 찾아다닙니다. 따라서 다음과 같이 1.4초에서 3.4초 사이에만 파리를 잡도록 고칩니다.

```
class Fly:
(중략)
    def stick(self):
        if time.time() > self.spawn_time + 1.4 and time.time() < self.spawn_time + 3.4:
            tpos = frog.get_tongue_pos()
            fpos = (self.x+fly_image.get_width()/2,self.y+fly_image.get_height()/2)
            if (tpos[0]-fpos[0])**2+(tpos[1]-fpos[1])**2 < (fly_image.get_width()/2+50)
**2:
                self.stuck = True
```

이제 파리가 스크린에 보일 때만 잡을 수 있습니다. 이 함수에서 고칠 게 하나 더 있습니다. 이 함수는 매 루프마다 불려와 파리가 끝에 닿았는지 확인합니다. 이대로도 괜찮지만 파리가 이미 혀에 붙어 있는 경우에는 굳이 다시 계산할 필요가 없습니다. 자원 낭비지요. 따라서 파리가 혀에 붙어 있지 않을 때만 계산하도록 만듭시다. if 문을 다음과 같이 고칩니다.

```
class Fly:
(중략)
    def stick(self):
        if not self.stuck and time.time() > self.spawn_time + 1.4 and time.time() <
selfspawn_time + 3.4:
```

[실행]

효율적인 파리 잡기가 완성됐습니다.

```
class Frog:
(중략)
    def tongue_poke(self):
        if self.tongue_dist == 0:
            self.tongue_extend = 1 5
            tongue_sound.play()
```

실행

혀가 뻗어 나가는 속도가 너무 느려서 파리를 잡기 힘들어서 위와 같이 바꿨습니다.

참고

혀가 제자리로 돌아오는 속도도 바꿀 수 있습니다.
개구리의 move() 함수에서 self.tongue_extend를 -1이 아니라 -5로 바꿔 봅시다. 이렇게 하면 if self.tongue_dist == 0:을 if self.tongue_dist <= 0:으로 바꾸고, 그다음 줄에는 self.tongue_dist = 0을 추가해야 합니다. 왜냐하면 self.tongue_dist == 0은 0이 되지 않을 수 있기 때문입니다. 만약 200에서 시작하여 매 루프 30씩 감소된다면(self.tongue_extend를 -3으로 했다면), 0을 건너뛰겠지요.

현재 파리를 만드는 코드는 다음과 같습니다. 257쪽에 나온 코드지요.

```
if fly == None or time.time() > fly.spawn_time + 4.4:
    fly = Fly()
```

이 코드는 fly가 None이면 새로운 파리를 하나 더 만듭니다. 파리를 처음 만들 때나, 현재 파리가 4.4초 이상 됐을 때 말이에요. 이전 파리는 알아서 파괴되므로 코드를 짤 필요도 없지만, 이제 게임의 룰이 바뀌었습니다. 4.4초 뒤에도 잡아먹히지 않으면 파리가 다시 부화해야 합니다. 재부화 코드에 아래처럼 써넣습니다.

```
while 1:
    (중략)
    if menu == "game":
        if fly == None or (time.time() > fly.spawn_time + 4.4 and not fly.stuck):
            fly = Fly()
```

파리가 잡아먹힌 경우를 대비해 두 번째 if 문을 만듭니다.

```
while 1:
    (중략)
    if menu == "game":
        if fly == None or (time.time() > fly.spawn_time + 4.4 and not fly.stuck):
            fly = Fly()
        if fly.stuck and frog.tongue_dist == 0:
            fly = Fly()
```

실행

파리는 개구리에게 먹힌 뒤, 다시 부화해야 합니다. 혀가 완전히 개구리의 입안으로 돌아간 시점이 파리가 개구리에게 먹힌 시점입니다. 개구리의 tongue_dist가 0일 때지요. 위의 두 구문을 하나의 if 문으로 바꿀 수도 있습니다. 첫 번째 if 문에 있는 조건을 괄호로 묶은 뒤 or를 쓰고, 두 번째 if 문에 있는 조건을 괄호로 묶어 or 뒤에 쓰면 됩니다. 하지만 두 번째 구문에서 개구리의 에너지 레벨을 다룰 예정이니 이렇게 하지는 않겠습니다.

이제 게임 시작, 4.4초가 지났을 때, 파리가 개구리한테 먹혔을 때, 새로운 파리를 만듭니다.

Python

20장
게임 통계

네가 어떤 일을 할 수 있다고 해서
반드시 그 일을 해야만 하는 건 아냐.

파리를 잡아먹으면 개구리의 에너지 바가 올라가야 합니다. 게임 루프 안에 이미 파리 잡아먹는 코드가 있습니다. 에너지를 올리기 위해서는 거기에 코드 한 줄만 추가하면 됩니다.

```
while 1:
(중략)
    if menu == "game":
        (중략)
        if fly.stuck and frog.tongue_dist == 0:
            frog.energy = min(100, frog.energy+50)
            fly = Fly()
```

실행

min() 함수는 괄호 안의 값 중 가장 작은 값을 돌려주므로 에너지는 100과 현재 에너지 값에 50만큼 더한 값 중 작은 값으로 정해집니다. 파리를 잡아먹으면 50만큼 올라가니까요. 이렇게 하면 파리를 아무리 많이 잡아먹어도 에너지 레벨이 100을 넘기는 경우는 생기지 않습니다.

생존 시간을 보여 줄 시계를 스크린에 추가합시다. 먼저 game_start라는 변수를 만들어, 게임이 시작될 때(play 버튼을 마우스로 클릭했을 때)의 시각을 기록합니다.

```
while 1:
(중략)
    if pygame.mouse.get_pressed()[0] and buttonrect.collidepoint(pygame.mouse.get_pos()):
        menu = "game"
        game_start = time.time()
```

셋업에 시계를 표시할 폰트를 추가합니다.

```
font2 = pygame.font.SysFont("couriernew",15)
```

게임 루프에 다음 코드를 추가합니다. 에너지 바를 만드는 코드 밑에 넣습니다.

```
while 1:
(중략)
    if menu == "game":
    (중략)
        if frog.energy >= 0:
            pygame.draw.rect(screen,(200,50,0),(10,110,20,-frog.energy))
            txt = font2.render("Time:"+str(int((time.time()-game_start)*10)/10.),True,
(0,0,0),screen.blit(txt,(10,120)))
```

실행

time.time() - game_start는 현재 게임 시각을 알려 줍니다. 10을 곱해 정수로 바꾸고 10.0으로 나눠 소수 한 자리인 실수로 만듭니다(160쪽 참고). 특정 소수점 자리로 반올림하는 파이썬 함수도 있지만, 이 방법이 훨씬 쉽고 멋집니다. 시간은 일단 에너지 바 아래 표시했습니다. 파리가 가려지지 않게, 에너지 바와 시계를 표시한 다음 파리의 draw() 함수를 불러와야 합니다.

참고
파리의 __init__() 함수에서 좌표를 바꿔 파리가 나타날 위치를 제한할 수도 있습니다. 파리가 스크린의 왼쪽 끝에서 50픽셀 사이에는 앉을 수 없게 하려면 __init__() 함수에서 self.x를 아래와 같이 바꾸면 됩니다.

self.x = random.randint(50,screen.get_width()-fly_image.get_width())

　개구리의 에너지가 0이 되면 게임이 끝납니다. 게임이 끝나면 개구리가 2초간 쪼그라들면서 사라지고, 게임 오버 스크린 위에 점수가 표시돼야 합니다. 먼저 개구리의 에너지가 0이 되는 시각을 기록합시다. 일단 death_time이라는 변수부터 만듭니다. 이 변수는 셋업에 씁니다. 두 변수 모두 클래스 안에서 사용되지는 않지만, 에너지 변수처럼 클래스 안에 써도 됩니다. 개구리가 두 마리 이상일 때는 변수들이 반드시 클래스 안으로 들어가야 하지만요. 특정 개구리 한 마리에 변수들이 연결되거든요.

```
death_time = False
```

　death_time을 거짓으로 정하는 이유는 다음 쪽에서 설명하겠습니다. 개구리의 에너지가 바닥난 시각도 기록합시다. 게임 루프 안 에너지를 다루는 if 문 바로 밑에 쓰세요.

```
while 1:
(중략)
    if menu == "game":
    (중략)
        if frog.energy >= 0:
            pygame.draw.rect(screen,(200,50,0),(10,110,20,-frog.energy))
            txt = font2.render("Time:"+str(int((time.time()-game_start)*10)/10.),True,
(0,0,0),screen.blit(txt,(10,120)))
        if frog.energy <= 0:
            death_time = time.time()
```

　문제가 생겼습니다. 루프를 1번 돈 다음에는 에너지가 계속 0보다 작거나 같습니다. death_time이 계속 time.time()으로 리셋되기 때문입니다. 이 일은 에너지가 처음으로 0보다 작거나 같게 될 때 1번만 일어나야 합니다. 다음과 같이 고칩시다.

```
while 1:
(중략)
    if menu == "game":
    (중략)
        if frog.energy <= 0 and not death_time:
            death_time = time.time()
```

왜 death_time은 거짓이었나?

    death_time을 왜 거짓^{False}이라고 썼을까요? 대부분 death_time은 매우 큰 숫자이므로 (time.time()) 이상하게 보일 수도 있습니다. 아까 0은 거짓이고 1은 참이라고 했던 것 기억나나요? 이제 와서 이야기기지만, 항상 맞는 말은 아닙니다. 0은 항상 거짓이지만, 1뿐만 아니라 다른 숫자들도 참값을 돌려줄 수 있습니다. 리스트를 예로 들면, 텅빈 리스트는 거짓이지만, 안에 뭔가 들어 있으면 참입니다.

    만약 death_time이 참이면, not death_time은 거짓이 되므로 if frog.energy <= 0 and not death_time:의 두 번째 조건은 충족되지 않습니다. 따라서 death_time이 time.time()으로 설정되면 이 if 문은 다시 실행되지 않습니다. 따라서 if 문이 처음으로 실행되기 전에 death_time 은 거짓이어야 합니다. 이래서 셋업에서 death_time을 만들 때, 거짓이라는 값을 준 거랍니다. 0이라고 해도 됐겠지요. 같은 이야기입니다. 하지만 이 경우에는 거짓이라고 부르는 것이 보다 이치에 맞습니다.

개구리가 파리를 잡아먹지 못하면 크기가 0이 될 때까지 줄어듭니다. 이 일은 draw() 함수가 해야 합니다. 의사 코드로 표현하면 다음과 같습니다.

만약 death_time이 참이면

　　개구리의 크기를 줄여라

그렇지 않으면

　　평소처럼 회전시키고 혀를 내밀어라

실제 코드는 다음과 같습니다.

```
class Frog:
(중략)
    def draw(self):
        if death_time:
            rotated = pygame.transform.rotozoom(frog_image,self.dir,1-((time.time()-
↵ death_time)/2))
            screen.blit(rotated,(screen.get_width()/2-rotated.get_width()/2,screen.get_
↵ height()/2-rotated.get_height()/2))

        else:
            tpos = self.get_tongue_pos()
            pygame.draw.circle(screen,(255,50,50),tpos,10)
            pygame.draw.line(screen,(255,50,50),(screen.get_width()/2, screen.get_
↵ height()/2),tpos,10)
            rotated = pygame.transform.rotate(frog_image,self.dir)
            screen.blit(rotated,(screen.get_width()/2-rotated.get_width()/2, screen.
↵ get_height()/2-rotated.get_height()/2))
```

실행

넌 날 죽이고 싶어?

뭐, 그렇지.

개구리 크기를 줄이기 위해 파이게임의 rotozoom() 함수를 사용했습니다. rotate()처럼, rotozoom() 함수는 모양을 바꾸는 모듈 안에 들어 있습니다. 이미지를 회전시키거나 크기를 늘였다 줄였다 합니다. 인자는 3개 필요합니다. 이미지 1개, 60분법으로 표시된 회전각, 그리고 이미지의 크기dimension를 정하기 위해 곱할수scaler입니다. 세 번째 인자를 봅시다.

1-((time.time()-death_time)/2)

death_time이 참이면 rotozoom() 함수가 실행됩니다. 이때 death_time은 time.time()과 같게 됩니다. 따라서 time.time()-death_time은 0이 됩니다. 0은 2로 나눠도 여전히 0입니다. 따라서 위 코드의 값은 1-0이므로 1입니다. 따라서 이미지의 크기에는 1을 곱하게 됩니다. 크기에는 변화가 없습니다.

0.5초 후, time.time()-death_time은 0.5가 됩니다. 0.5/2는 0.25입니다. 1-0.25는 0.75입니다. 따라서 이미지의 크기에는 0.75를 곱합니다.

1초 후, time.time()-death_time은 1이 됩니다. 1/2는 0.5입니다. 1-0.5는 0.5입니다. 따라서 이미지의 크기에는 0.5를 곱합니다.

2초 후, time.time()-death_time은 2가 됩니다. 2/2는 1입니다. 1-1은 0입니다. 따라서 이미지의 크기에 0을 곱하므로, 이미지는 사라집니다.

나누는 수인 2는 이미지가 사라지는 시간입니다. 개구리가 더 빨리 또는 더 천천히 사라지게 하려면 2 대신 다른 숫자를 쓰면 됩니다. rotozoom()으로 새로 만든 이미지는 rotated에 저장했습니다. 다음 줄에서 이 변환된 이미지를 스크린의 중심에 표시합니다. 이전에 해 봤던 거지요.

어, 그러면...

아냐 아냐.
난 네가 날 죽일까 봐
널 죽이려 한 거야.

버그 수정 ① : 혀를 빼문 채로 죽지 마

이상한 일도 일어날 수 있습니다. 개구리 밖에 혀가 있을 때 죽어 버리면 개구리는 줄어들지만, 혀는 사라져 버립니다. 혀를 그리는 draw() 함수가 더 이상 실행되지 않으니까요. 이 문제를 고치려면 혀가 제자리로 돌아올 때까지 개구리가 줄어들지 않고 기다리게 하면 됩니다. 이렇게 지연시켜도 게임에는 드러나지 않습니다. death_time을 변화시키는 if 문 안에, 혀가 제자리로 돌아왔을 때라는 조건을 추가하면 됩니다.

```
while 1:
(중략)
    if menu == "game":
    (중략)
        if energy <= 0 and not death_time and frog.tongue_dist == 0:
            death_time = time.time()
```

실행

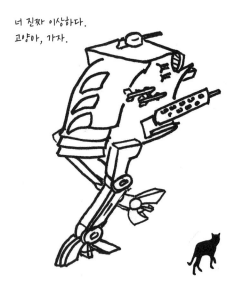

너 진짜 이상하다.
고양아, 가자.

게임 오버 스크린, 개봉박두!

마침내 게임 오버 스크린을 만들 차례가 됐습니다! 우주 침략자 게임이나 퐁 게임에서는 게임 루프 안에 있는 while 루프에서 게임 오버 스크린을 만들었습니다. 여기서는 메뉴menu 변수를 사용합니다. 어떻게 하든 상관없습니다. 마음대로 방법을 고르세요. 우리가 추가할 부분을 의사 코드로 만들면 다음과 같습니다.

만약 메뉴가 "죽음"이면

　　게임 오버 스크린을 표시한다

　　점수와 나머지 통계를 표시한다

　　재시작 버튼을 만든다

　　만약 재시작 버튼이 클릭되면

　　　　게임 변수들을 리셋한다

　　　　메뉴를 "게임"으로 바꾼다

먼저 메뉴를 "dead죽음"로 정해야 합니다. 이 일은 개구리의 크기가 줄어들어 0이 될 때 일어납니다. 개구리가 굶기 시작한 지 2초 뒤지요. 개구리가 굶기 시작하면 death_time을 time.time()으로 정하므로(282쪽 참고), 다음과 같이 씁니다.

```
while 1:
(중략)
    if menu == "game":
    (중략)
        if energy <= 0 and not death_time and frog.tongue_dist == 0:
            death_time = time.time()
        if time.time() > death_time + 2:
            menu = "dead"
```

사실 이 코드에는 문제가 있습니다. 제대로 된 것처럼 보인다고요? 이렇게 하면 게임 시작과 동시에 메뉴가 "dead"로 정해집니다. 플레이할 기회가 없지요. death_time 변수가 셋업의 어디에서 만들어지는지 자세히 보면 문제가 무엇인지 알 수 있을 겁니다. 문제가 생기는 부분은 death_time = False 입니다. 거짓은 0과 같고, time.time()은 항상 0+2보다는 큽니다.

문제 해결을 위해 death_time이 time.time()과 같으면 time.time()의 값을 가져올 뿐만 아니라, 거짓인 상태에서 참인 상태로 바뀐다는 사실을 이용해야 합니다. death_time이 거짓이면 if 문이 실행되지 않게 하고 싶습니다. 대신 death_time이 참일 때 다음 if 문이 실행되도록 하고 싶지요. 아래처럼요.

```
if death_time and time.time() > death_time + 2:
    menu = "dead"
```

이제 death_time은 참이어야 합니다. 0이 아닌 값을 갖거나 거짓이면 메뉴는 "dead"가 되니까요. 메뉴가 "dead"가 되면 어떤 일이 일어날까요? 먼저 셋업에서 게임 오버 스크린을 가져와야 합니다. 스크린 크기와 같은 크기의 이미지인 flycatcher_game_over 파일을 사용합니다. 언제나처럼 웹사이트에서 다운로드하여 images 폴더에 넣으세요. 이제 다음 코드를 셋업에 추가합니다.

```
gameover_image = pygame.image.load("images/flycatcher_game_over.png").convert_alpha()
```

게임 오버 스크린은 아래 그림과 같습니다. 파리는 이미지에 이미 들어있지만, 버튼이나 생존 시간은 코드로 만들어야 합니다.

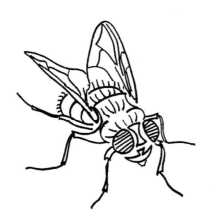

PLAY

You survived:
16.9 seconds

메뉴가 "dead"로 정해지면 어떤 일이 일어날까요? 아래 코드를 쓰고, 제대로 들여쓰기 했는지도 확인하세요. "if menu == dead"는 다른 "if menu =="와 들여쓰기 간격이 같습니다. pygame.display.update()와도 같지요. 이 코드는 디스플레이 업데이트 직전 실행됩니다.

```
while 1:
(중략)
    if menu == "game":
    (중략)
        if death_time and time.time() > death_time + 2:
            menu = "dead"
    if menu == "dead":
        screen.blit(gameover_image,(0,0))
        txt = font2.render("You survived: "+str(int((death_time - game_start)*10)
/10.)+"seconds",True,(0,0,0))
        screen.blit(txt,(705,500))
        txt = font.render("Play",True,(255,255,255))
        txt_x = 705
        txt_y = 235
        buttonrect = pygame.Rect((txt_x,txt_y),txt.get_size())
        pygame.draw.rect(screen,(200,50,0),buttonrect)
        screen.blit(txt, (txt_x, txt_y))

        if pygame.mouse.get_pressed()[0] and buttonrect.collidepoint(pygame.mouse.get_
pos()):
            menu = "game"
            game_start = time.time()
            energy = 100
            death_time = False
            fly = None
            frog = Frog()
```

> 실행

메뉴가 "dead"가 되면, 게임 오버 이미지와 게임 플레이 시간이 표시됩니다. 게임 플레이 시간은 death_time − game_start입니다. 앞에서 시작 버튼을 표시한 것처럼(253쪽 참고), 재시작 버튼도 표시합니다. 위치만 조금 다르고 나머지는 동일합니다. 버튼이 눌리면, 메뉴가 "게임"으로 재설정되고 다른 조건들도 초기값으로 재설정됩니다.

이제 (보이진 않지만) 개구리가 굶어 죽어도 시계가 여전히 돌아간다는 사소한 문제만 남았습니다. 게임이 끝나자마자 시계도 멈추는 게 좋겠지요? 아래는 스크린에 시계를 표시하는 코드입니다. (281쪽 참고)

```
txt = font.render("Time:"+str(int((time.time()-game_start)*10)/10.),True,(0,0,0),
↵ screen.blit(txt,(10,120)))
```

개구리 에너지 레벨이 0이 되는 순간 time.time()-game_start 변수 안에 저장된 시간이 멈추면 좋겠습니다. 위 코드를 다음과 같이 바꿉니다.

```
while 1:
(중략)
    if menu == "game":
    (중략)
        if frog.energy >= 0:
            pygame.draw.rect(screen,(200,50,0),(10,110,20,-frog.energy))
            txt = font2.render("Time:"+str(int((time.time()-game_start)*10)/10.),True,
↵ (0,0,0),screen.blit(txt,(10,120)))

        if frog.energy <= 0 and not death_time and frog.tongue_dist == 0:
            death_time = time.time()

        if death_time:
            txt = font.render("Time:"+str(int((death_time - game_start)*10)/10.),
↵ True,(0,0,0))
        else:
            txt = font.render("Time:"+str(int((time.time() - game_start)*10)/10.),
↵ True,(0,0,0))
            screen.blit(txt,(10,120))
```

실행

게임이 시작되면 death_time은 거짓이 되므로 else: 부분이 실행되고, 스크린 (10, 120)에는 시간이 표시되지요. 개구리의 에너지가 0이 돼 death_time이 참이 되면 else 문의 윗줄이 실행됩니다. txt는 최종 시각(death_time - game_start)으로 설정되고, 게임 시계와 같은 폰트로 같은 위치에 표시됩니다. 드디어 파리 잡기 게임이 완성됐습니다. 마침내 최후의 전쟁을 시작할 시간입니다!

Part
4

탱크 배틀 게임

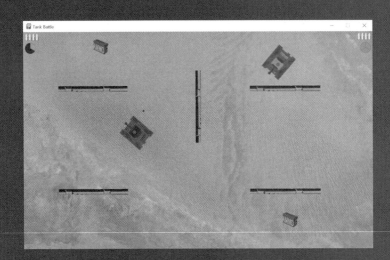

탱크 배틀 게임

녹색 탱크와 파란색 탱크의 대결! 키를 눌러 포탄도 발사하고
다 쓴 포탄은 보급소에서 받아오기도 합니다.

21장

폭발시키자

널 폭발시키겠어.

할 수 있으면 해 보든가.

이제 새로운 게임을 만들 거예요. 지금까지 배운 것에 새로운 트릭도 몇 개 추가해 재미있게 만들어 봅시다. 새로 만들 게임은 2인용 2D 탱크 배틀 게임입니다.

이미지는 총 6개 사용합니다.

1 | 시작 메뉴(Google에서 저작권 없는 이미지를 찾아 이미지 편집 프로그램에서 수정했습니다. 크기는 1000x600픽셀입니다.)

2 | 첫 번째 벽(지붕 사진에서 잘라낸 것입니다. 크기는 200x15픽셀입니다.)

3 | 두 번째 벽 (위의 벽 이미지를 회전시킨 것입니다. 크기는 15x200픽셀입니다.)

4 | 2개의 탱크 (이미지 편집 프로그램에서 그렸습니다. 크기는 62x81픽셀입니다.)

5 | 풍경 (사막 풍경의 일부입니다. 크기는 1000x600픽셀입니다.)

이 이미지를 가지고 프로그램 얼개를 짭니다. 자막을 설정하고, 시계와 프로그램 시작 및 게임 메뉴를 만듭니다. 이제 읽기만 해도 이해할 수 있겠지만, 이번에는 시작 버튼을 조금 다른 방법으로 만들어 볼게요.

이미지들은 웹사이트에서 다운받거나 직접 만들 수 있습니다. 직접 만들어 보세요. 여러분이 직접 만드는 게임이니까 각자 스타일로 해 볼 수 있지요.

```
     tank.py
1    import pygame, sys
2    from pygame.locals import *
3    pygame.init()
4    pygame.display.set_caption("Tank Battle")
5    clock = pygame.time.Clock()
6    screen = pygame.display.set_mode((1000,600))
7    homescreen_image = pygame.image.load("images/TBhomescreen.jpg").convert()
8    landscape_image = pygame.image.load("images/landscape.jpg").convert()
9    wall_image = pygame.image.load("images/wall.png").convert()
10   vert_wall_image = pygame.transform.rotate(wall_image,90)
11   tankG_image = pygame.image.load("images/tankG.png").convert_alpha()
12   tankB_image = pygame.image.load("images/tankB.png").convert_alpha()
13   menu = "home"
14
15   while 1:
16       clock.tick(60)
17
18       for event in pygame.event.get():
19           if event.type == QUIT:
20               sys.exit()
21
22       if menu == "home":
23           screen.blit(homescreen_image,(0,0))
24           buttonrect = pygame.Rect(409,440,147,147)
25           if pygame.mouse.get_pressed()[0] and buttonrect.collidepoint(pygame.
         mouse.get_pos()):
26               menu = "game"
27
28       if menu == "game":
29           screen.blit(landscape_image,(0,0))
30
31       pygame.display.update()
```

실행

시작 버튼을 클릭하면 풍경 이미지가 표시됩니다. 시작 화면에는 이미 시작 버튼이 그려져 있습니다. 파리 잡기 게임에서는 색이 있는 직사각형을 그리고 그 위에 텍스트를 표시했지만, 여기서는 시작 화면 이미지 위에 버튼을 그렸습니다.

그러면 시작 버튼이 클릭되었는지 어떻게 알 수 있을까요? 버튼의 좌표와 크기를 알아야 합니다. (버튼의 좌표는, 여러분이 사용하는 이미지 편집 프로그램에서 확인할 수 있습니다.)

> **참고**
>
> 보통 이미지 프로그램에서 이미지 파일을 불러오면, 가장 아래에 있는 툴바에 마우스의 좌표가 표시됩니다. 따라서 이미지 위의 특정 점의 좌표를 쉽게 찾을 수 있습니다.

시작 버튼은 원 모양이지만, 스크린 위 클릭 가능한 부분은 직사각형이어야 합니다. pygame. Rect()에 원을 사용할 수는 없으니까요. 따라서 클릭 가능한 부분은 아래 그림에서 흰색 상자로 표시된 부분입니다.

Start 버튼의 가장 왼쪽 위 좌표는 (409, 440)입니다. 버튼 너비는 147픽셀이고, 높이는 147 픽셀입니다. 이 값을 pygame.Rect()에게 주고 보이지 않는 직사각형을 만듭니다. 그러면 collidepoint()가 이 직사각형 위에 마우스 화살표가 있는지 확인합니다.

메뉴를 "game"으로 바꾸려면 왼쪽 마우스 버튼을 클릭해야 합니다. 이렇게 버튼을 만드는 것이 파리 잡기 게임에서보다 더 직관적이지요? 하지만 두 가지 방법 모두 알아 두는 것이 좋습니다.

벽^{wall} 클래스를 만듭시다. __init__() 함수는 각각의 벽이 만들어지는 위치와 방향을 인자로 갖습니다(x, y, vert). vert는 vertical^{수직}의 약자입니다. 셋업 아래 클래스들을 만들었지요. 벽 클래스도 셋업 아래서 만들면 됩니다.

```
menu = "home"

class Wall:
    def __init__(self,x,y,vert):
        self.x = x
        self.y = y
        self.vert = vert

    def draw(self):
        if self.vert:
            screen.blit(vert_wall_image,(self.x,self.y))
        else:
            screen.blit(wall_image,(self.x,self.y))
```

vert는 참일 수도 거짓일 수도 있습니다. 만약 vert가 참이라면 수직 벽 이미지가 표시됩니다. 거짓이라면 "else" 아래 들여쓰기 한 부분의 코드가 실행됩니다.

벽들 리스트도 만들어야 합니다. 사실 리스트가 아니라 튜플이지요. 그러면 소괄호를 써야 해요. 퐁 게임 배트들에서처럼, 벽 인스턴스도 만들어야 합니다. 아래 코드는 클래스 아래 쓰면 됩니다.

```
walls = (Wall(496,200,True),Wall(50,150,False),Wall(600,150,False),Wall(50,435,False),
    Wall(600,435,False))
```

draw() 함수도 불러와야 합니다. 벽은 메뉴가 "game"일 때만 불러야 하므로 아래 코드는 게임 루프 안 if menu == "game" 아래 씁니다. 풍경이 표시된 다음에 벽을 그려야겠지요.

```
while 1:
(중략)
    if menu == "game":
        screen.blit(landscape_image,(0,0))
        for wall in walls:
            wall.draw()
```
실행

참고

벽이 여러 개이므로 for 루프를 썼습니다. 벽을 삭제할 필요는 없기 때문에 while 루프를 쓰지 않았습니다.

다 만들었나요? 아래 그림을 보면 아직 만들지 않은 것들이 몇 개 보일 것입니다.

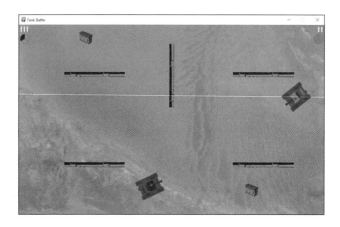

수직 벽은 수평 벽과 같은 모양입니다. 코드를 보면 알 수 있겠지만, 수직 벽은 수평 벽의 복사본을 회전시켰습니다. 수직 벽이 필요할 때마다 수평 벽 이미지를 복사해도 됩니다. 그러면 필요한 이미지 수가 줄어들겠지요. 괜찮을 것 같다고요? 사실 수직 벽이 필요할 때마다 파이게임한테 수평 벽을 회전시키라고 요구하는 건 메모리 낭비입니다. 이미지 2개를 만드는 게 나아요.

이제 벽들한테 움직이라고 설득해 봅시다. 수직 벽은 위아래로 움직입니다. 아래로 이동시켜서 특정 위치에 도달하면 튕겨 나오게 하겠습니다. 너무 높이 올라갈 때도 마찬가지입니다. 앞에서는 이럴 때 dy라는 변수로 수직 이동을 제어했는데, 여기에서는 수평 벽을 가로로 움직일 때도 같은 변수를 사용할 수 있도록 변수 이름을 그냥 self.speed라고 하겠습니다. 먼저 수평 벽 4개에 대해 스크린을 나눠 금지 구역을 정합니다.

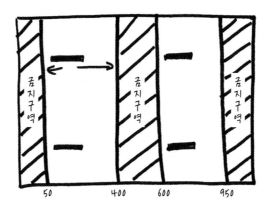

벽들은 금지 구역 사이에서만 왔다 갔다 할 수 있지요. 만약 벽이 x=50보다 왼쪽으로 가거나, x=950보다 오른쪽으로 가면, 튕겨 나오도록 합시다. x가 400보다 크고 600보다 작은 중간 구역으로 가도 튕겨 나오게 합시다. 벽의 좌표는 왼쪽 위 모서리 기준이고, 벽의 너비는 200픽셀이라는 사실을 고려해서 정한 숫자들입니다. 의사 코드는 다음과 같습니다.

만약 벽이 수직이면

벽을 speed만큼 수직으로 옮겨라

만약 벽이 수평이면

벽을 speed만큼 수평으로 옮겨라

만약 벽이 수직인데 위 또는 아래 금지구역에 닿거나, 수평인데 가장자리 또는 한가운데 금지 구역에 닿으면

방향을 반대로 바꿔라

실제 코드는 아래와 같습니다. 벽 클래스 안, draw() 함수 밑에 쓰세요.

```
class Wall:
    (중략)
    def move(self):
        if self.vert:
            self.y += self.speed
        else:
            self.x += self.speed
        if (
            (self.vert and (self.y < 50 or self.y > 350 )) or
            (not self.vert and ((self.x < 50 or self.x > 750) or
            (self.x > 200 and self.x <600 )))):
            self.speed *= -1
```

move() 함수의 첫 번째 if-else 문은 self.vert가 특정 인스턴스에 대해 참이면, self.y를 self. speed만큼 바꿉니다. 무슨 소리냐고요? self.vert가 참이면 벽이 수직이니 self.speed만큼 위로 올라가라고 하는 것이지요. 만약 self.vert가 거짓이면 self.x를 self.speed만큼 바꿉니다. 벽이 수평이니까 self.speed만큼 오른쪽으로 가라고 하는 것입니다.

두 번째 if 문이 무슨 말인지 모르겠으면, 그 부분을 의사 코드와 비교하면서 이해해 보세요. 불대수투성이지만 천천히 읽으면서 괄호가 어디에서 열리고 닫히는지 확인하다 보면 쉽게 이해될 것입니다.

새로운 변수 self.speed를 만들었으니까, 이 변수를 벽 클래스의 __init__() 함수에 추가하는 것을 잊지 마세요.

```
class Wall:
    def __init__(self,x,y,vert):
        self.x = x
        self.y = y
        self.vert = vert
        self.speed = 1
```

물론 벽들이 더 느리게 또는 빨리 움직이게 하고 싶으면 1 대신 다른 수를 써도 됩니다.

마지막으로 게임 루프에서 move() 함수를 불러옵니다. 위 코드는 wall.draw() 함수와 같이, 벽을 제어하는 for 루프 안에 씁니다. 이제 움직이는 벽이 완성됐습니다.

```
while 1:
(중략)
    for wall in walls:
        wall.move()
        wall.draw()
```

실행

움직이는 벽이면 문 아닌가?

문이라고 부르고 싶으면 그렇게 불러.
탱크가 발사하는 포탄은
원자 재조합 모듈이라고 부르고.

〈고전 프로그래밍 농담〉

왜 안되지?

핑!

왜 되지?

22장

전쟁 돼지

멍청한 컴퓨터.

멍청한 인간.

이 게임에는 서로 다른 2개의 이미지로 표시되는 2개의 탱크가 있지만, 클래스는 하나만 있으면 됩니다. 지금까지는 하나의 클래스에 속하는 이미지들은 모두 같았지만, 여기에서는 탱크 2대가 각각 스크린 여기저기로 움직이게 하고 싶습니다. __init__() 함수부터 시작합시다. 탱크에는 인자 몇 개가 필요합니다. 출발점의 좌표, 방향, 제어, 이미지 같은 것들이지요. 항상 그랬듯이 벽 클래스 밑에 쓰면 됩니다.

```python
class Tank:
    def __init__(self,x,y,dir,ctrls,img):
        self.x = x
        self.y = y
        self.ctrls = ctrls
        self.dir = dir
        self.img = img
```

거의 다 앞에서 본 것이지만, img는 못 보던 인자네요. 각 탱크마다 인자도 다르고, 이미지도 다르기 때문에(파란색 탱크, 녹색 탱크), img라는 인자를 써서 이미지를 구분해야 합니다. 탱크는 평소처럼 클래스 밑에 만들면 됩니다.

```python
tankG = Tank(740,20,180,(K_UP,K_DOWN,K_LEFT,K_RIGHT),tankG_image)
tankB = Tank(200,500,0,(K_w,K_s,K_a,K_d),tankB_image)
```

앞과 조금 다른 점을 눈치챘나요? 탱크의 인스턴스를 따로 만들었지요? 이것은 각 탱크에게 이름을 줄 수 있다는 뜻입니다. 리스트 안에서의 위치(즉, 항목 번호)로 구별할 필요가 없습니다. 벽이나 퐁 게임의 배트들에서는 그렇게 했지요(171, 297쪽). 물론 두 가지 방법 모두 가능합니다. 이렇게 한 이유는 이렇게 할 수도 있다는 것을 보여 주기 위해서이기도 하고, 나중에 보기에도 좋기 때문입니다. tankG는 녹색Green 탱크이고, tankB는 파란색Blue 탱크입니다.

이제 x, y, 방향, 제어, 이미지가 모두 완성되었습니다.

이제 탱크의 draw() 함수를 만듭니다. 우주 침략자 게임에서 파이터 회전에 사용한 draw() 함수와 거의 같죠?

```
class Tank:
    (중략)
    def draw(self):
        rotated = pygame.transform.rotate(self.img,self.dir)
        screen.blit(rotated,(self.x+self.img.get_width()/2-rotated.get_width()/2,self.
        y+self.img.get_height()/2-rotated.get_height()/2))
```

이미지는 self.img로 가져왔습니다. 탱크가 만들어질 때 각각 이미지가 주어지거든요. 탱크가 만들어질 때 self.img.get_width() 라는 이름의 객체들이 생기는 거지요.

draw() 함수는 게임 루프에서 불러야 합니다. 보통 인스턴스들의 리스트를 도는 데 for 루프를 사용했지요. 벽에서는 그렇게 했습니다. 리스트 사용 이유이기도 했지요. 훨씬 쉽게 함수를 부를 수 있으니까요. 하지만 탱크에게 서로 다른 이름을 붙였기에, 각 탱크에 대해 draw() 함수를 별도로 불러야 합니다. 탱크는 2개밖에 없으니까 손이 많이 가는 것은 아닙니다. 벽을 제어하는 for 루프 바로 앞에 다음 코드를 쓰면 됩니다.

```
while 1:
(중략)
    if menu == "game":
        screen.blit(landscape_image,(0,0))
        tankG.draw()
        tankB.draw()
        for wall in walls:
```

실행

이제 출발점에서 대기하는 탱크 2대가 완성됐습니다. 이제 움직여 봅시다.

탱크를 움직이는 방법은
이것뿐이야.

키를 누르면 탱크가 움직여야 합니다. 평소 하던 대로 게임 루프 안, 끝내기^quit 섹션 바로 다음에 눌린 키들 리스트^pressed_keys를 만듭니다. for 루프 바로 아래 추가하면 됩니다.

```
while 1:
    clock.tick(60)
    for event in pygame.event.get():
        if event.type == QUIT:
            sys.exit()
    pressed_keys = pygame.key.get_pressed()
```

math 모듈을 사용할 것이므로, 1번째 줄에 math 모듈을 가져^import옵니다. random도 추가하고, 추가하는 김에 time도 추가하지요. 나중에 쓸 겁니다.

```
import pygame, sys, math, random, time
```

이제 move() 함수를 탱크 클래스에 추가합니다.

```
class Tank:
    (중략)
    def move(self):
        dx = math.sin(math.radians(self.dir))
        dy = math.cos(math.radians(self.dir))
        if pressed_keys[self.ctrls[0]]:
            self.x -= dx
            self.y -= dy
        if pressed_keys[self.ctrls[1]]:
            self.x += 0.5*dx
            self.y += 0.5*dy
        if pressed_keys[self.ctrls[2]]:
            self.dir += 1
        if pressed_keys[self.ctrls[3]]:
            self.dir -= 1
```

임의의 방향으로 탱크를 이동시키기 위해서 삼각비(186쪽 참고)로 dx, dy를 계산합니다. self.dir은 이미지 회전에 사용했기 때문에 60분법으로 표시했지만, 라디안으로 변환시켜야 합니다. 탱크를 매 게임 루프마다 1픽셀만큼 이동시키기 위해서는 삼각비 식의 빗변이 1이 돼야 합니다. 1을 곱해도 값은 그대로이므로, "*1"이라고 쓸 필요는 없습니다.

dx와 dy는 아랫줄에서 사용되니까 함수의 1번째, 2번째 줄에서 만듭니다. 사용 전에 만들어야 하거든요. 이것들은 이 함수 안에서만 사용되므로, self를 앞에 붙일 필요는 없습니다.

if 문들은 탱크가 만들어질 때, 각 탱크를 움직이는 코드입니다.

첫 번째 if 문은 루프가 돌 때마다 self.dir 방향으로 탱크를 1픽셀만큼 옮깁니다. dx, dy는 보통 정수가 아니라 실수고, 객체를 놓는 좌표는 정수이기 때문에 반올림해야 합니다. blit() 함수는 자동으로 반올림해주기 때문에 그냥 실수를 써도 됩니다.

두 번째 if 문은 탱크를 뒤로 움직입니다. dx, dy에 0.5를 곱해 탱크가 뒤로 움직일 때는 앞으로 움직이는 속도의 반만큼만 움직이게 했습니다. 앞으로 움직이기 위해서는 self.x와 self.y에서 dx와 dy를 빼고, 뒤로 움직이기 위해서는 더했습니다. 234쪽에서 했던 것과는 달리 math.sin()과 math.cos() 함수 앞에 마이너스 부호를 붙이지 않았지만 같은 상황이기 때문에 dy와 dx를 더해야 할 것 같을 때 뺐습니다. 반대의 경우도 마찬가지입니다. 어떻게 만들든 괜찮습니다.

이제 각 탱크의 move() 함수를 불러옵시다. if menu =="game" 바로 밑에 쓰면 됩니다. 풍경 표시 코드 바로 앞이지요.

```
while 1:
(중략)
    if menu == "game":
        tankG.move()
        tankB.move()
        screen.blit(landscape_image,(0,0))
```

실행

이제 스크린을 돌아다니는 탱크 2대를 완성했습니다.

기본 탱크를 만들었으니 무기도 만듭시다. 충돌 감지나 생명 등을 추가해 게임을 더 세련되게 바꿔 봅시다. 포탄shell 클래스는 탱크 클래스 밑에 만들면 됩니다.

```python
class Shell:
    def __init__(self,x,y,dir):
        self.dx = -math.sin(math.radians(dir))*5
        self.dy = -math.cos(math.radians(dir))*5
        self.x = x + self.dx * 8
        self.y = y + self.dy * 8

    def move(self):
        self.x += self.dx
        self.y += self.dy

    def draw(self):
        pygame.draw.circle(screen, (100,50,50), (int(self.x), int(self.y)), 3)
```

__init__() 함수에 x, y, dir 값을 줍니다. x와 y는 탱크의 중심의 좌표입니다(311쪽의 포탄 생성자constructor 참고). dir은 탱크의 방향입니다.

탱크와 달리 self.dx와 self.dy 변수를 __init__() 함수 안에 넣습니다. 다시 계산할 필요가 없기 때문입니다. 미사일과 악당에서의 dx, dy도 그랬지요. 포탄은 루프당 5픽셀의 속도로 움직입니다. 따라서 *5를 했습니다. 포탄 속도는 여러 번 플레이하면서 원하는 속도로 수정하세요.

제대로 안되면
내 잘못이지.

갑자기 꿈처럼 잘되면
네가 천재인 거고.

미사일에서처럼(237쪽) 포탄이 탱크 바로 앞에 나타나도록 만들었습니다. self.dx*8, self.dy*8 로요. dx와 dy는 dir 방향으로 포탄을 5픽셀만큼 이동시킵니다. 탱크의 회전 중심 x, y좌표에 포탄의 초기 좌표 self.x, self.y를 8번 더하면 포탄은 탱크의 중심에서 40픽셀만큼 떨어진 곳, 그러니까 탱크와 포탄의 충돌 감지 부분 밖에서 나타납니다.

왜 이렇게 해야 하냐고요? 탱크가 포탄을 발사하면서 회전할 때 포탄이 기울어지지 않게 하기 위해서요. 파이터에서도 그랬지요. 그보다 더 중요한 이유도 있습니다. 탱크 안에서 포탄을 발사하면 포탄이 탱크를 때립니다. 자폭하는 셈입니다.

move() 함수는 앞에서 만든 것과 같습니다.

draw() 함수에서는 파이게임의 그리기 모듈로 원을 그립니다. 52쪽에서 했지요? 여러분만의 이미지도 가능하지만, 크기가 6×8픽셀이어야만 하므로 자세히 그리기는 어렵습니다. 게다가 이미지를 회전시킬 것이므로 자세하게 그려봤자 소용없습니다.

포탄 클래스를 다 만들었으니 이제 리스트를 만듭니다. 클래스 아래, while 루프 위에 씁니다.

```
shells = []
```

벽과 탱크 2대에 대해 튜플을 만들었습니다. 튜플 안의 것들은 플레이하는 동안 바뀌지 않지만, 포탄의 경우에는 인스턴스가 추가 또는 삭제될 것이기 때문에 따로 리스트를 만들어야 합니다.

포탄을 만들려면 게임 루프 안에 루프를 하나 만들어야 합니다. 포탄을 삭제해야 하니까 while 루프도 만들어야 하지요. 빗방울을 가지고도 같은 일을 했는데, 기억나나요? (88쪽) 다음 쪽의 코드는 벽을 제어하는 for 루프 다음에 쓰면 됩니다.

```
while 1:
(중략)
    if menu == "game":
        (중략)
        for wall in walls:
            wall.move()
            wall.draw()

        i = 0
        while i < len(shells):
            shells[i].move()
            shells[i].draw()
            i += 1
```

포탄을 실제로 삭제하는 부분은 지금까지 배운 것보다 조금 복잡하기 때문에 나중에 만들겠습니다.

드디어 포탄 생성자constructor로 포탄을 만듭니다. 탱크 클래스의 fire() 함수 안에 만들 거예요. (클래스 안에서 그 클래스의 인스턴스를 만드는 건 아직 몰라도 돼요.) 탱크 클래스 안에 아래처럼 추가하세요.

```
class Tank:
(중략)
    def fire(self):
        shells.append(Shell(self.x+self.img.get_width()/2,self.y+self.img.get_height()
    /2,self.dir))
```

포탄의 __init__() 함수를 보면 포탄은 x, y, dir이라는 인자를 갖는다는 사실을 알 수 있습니다. x는 탱크의 x좌표에서 탱크 이미지 너비의 반을 뺀 값이고, y는 탱크의 y좌표에서 탱크 이미지 높이의 반을 뺀 값입니다. 탱크의 회전 중심 좌표지요. dir은 탱크가 가리키는 방향, 즉 self.dir입니다. 포탄을 만드는 fire() 함수를 어디에서 불러와야 할까요? 우주 침략자 게임의 미사일에서처럼, 발사 버튼을 눌렀는지 알 수 있는 키 눌림 감지 코드를 끝내기 섹션에 넣겠습니다.

```
while 1:
(중략)
    for event in pygame.event.get():
        if event.type == QUIT:
            sys.exit()
        if event.type == KEYDOWN and event.key == K_RSHIFT and menu == "game":
            tankG.fire()
        if event.type == KEYDOWN and event.key == K_q and menu == "game":
            tankB.fire()
```

실행

이제 포탄 발사가 가능합니다! 위 코드에서는 오른쪽 Shift 와 R 를 발사 버튼으로 정했습니다. 또한 메뉴가 "game"일 때만 포탄이 발사되도록 했습니다. 안 그러면 시작 메뉴일 때도 포탄이 만들어지기 때문입니다. "game"일 때만 그리거나 움직이기 함수가 불려오기 때문에, 시작 메뉴에 있을 때는 그려지거나 움직이지 않을 테지만 "game"으로 바뀌자마자 포탄들이 스크린 밖으로 날아가 버리겠지요. 위 코드에서 and menu == "game" 부분을 삭제하고 "start"일 때 발사 버튼을 눌러보세요. 또 "game"일 때 발사 버튼을 눌러보면 확인할 수 있습니다.

포탄이 벽이나 모서리에서 튕겨 나오게 해 봅시다. 퐁 게임에서 배트 또는 위아래 벽에 맞은 공이 튕겨 나오도록 했던 것처럼요. 이번에는 튕겨 나오는 각도를 임의로 바꾸지 않겠습니다. 대신 튕겨 나오는 횟수에 제한을 두겠습니다. 횟수가 다 찬 포탄을 삭제하려면 튕겨 나오는 횟수를 세어야 합니다. 먼저 bounces라는 변수를 만듭니다. 이 코드는 포탄의 __init__() 함수 안에 씁니다.

```
class Shell:
    def __init__(self,x,y,dir):
    (중략)
        self.bounces = 0
```

포탄 클래스의 draw() 함수 밑에 bounce() 함수를 만듭니다. 한꺼번에 너무 많이 쓰는 것 같지만 잘해 낼 수 있을 거예요!

```
class Shell:
(중략)
    def bounce(self):
        for wall in walls:
            if wall.vert and pygame.Rect((wall.x,wall.y),vert_wall_image.get_size()).
⤶ collidepoint(self.x,self.y):
                self.dx*=-1
                self.bounces += 1
            if not wall.vert and pygame.Rect((wall.x,wall.y),wall_image.get_size()).
⤶ collidepoint(self.x,self.y):
                self.dy*=-1
                self.bounces += 1
        if self.x < 0 or self.x > 1000:
            self.dx*=-1
            self.bounces += 1
        if self.y < 0 or self.y > 600:
            self.dy*=-1
            self.bounces += 1
```

bounce() 함수는 포탄 클래스 안에 있으므로 self는 특정한 하나의 포탄을 가리킵니다[refer].

의사 코드로 쓰면 다음과 같습니다.

모든 벽에 대해

    만약 벽이 수직이고 포탄에 닿으면

        포탄의 dx를 반대로 바꾸고 튕긴 횟수에 1을 더한다

    만약 벽이 수평이고 포탄에 닿으면

        포탄의 dy를 반대로 바꾸고 튕긴 횟수에 1을 더한다

만약 포탄이 스크린의 양옆에 닿으면

    포탄의 dx를 반대로 바꾸고 튕긴 횟수에 1을 더한다

만약 포탄이 스크린의 위아래에 닿으면

    포탄의 dy를 반대로 바꾸고 튕긴 횟수에 1을 더한다

---

wall.vert는 특정 벽에게 주어진 인자의 값에 따라 참 아니면 거짓이 됩니다. 만약 wall.vert가 거짓이면 not wall.vert는 참입니다. 거짓에 not을 붙이면 참이잖아요?

첫 번째 if 문은 만약 벽이 수직일 때 벽과 크기, 위치가 같은 Rect가 포탄과 충돌하면(포탄의 좌표로 알 수 있지요.) dx의 부호를 바꾸고 1을 self.bounces에 더하라는 뜻입니다. 두 번째 if 문은 수평인(수직이지 않은) 벽에 대해 같은 일을 합니다. dy의 부호를 바꾸고 self.bounces에 1을 더합니다. 이 2개의 if 문은 각 벽에 대해 차례대로 실행되는 for 루프 안에 있습니다. 세 번째 if 문은 포탄이 스크린의 양옆을 맞혔는지 물어봅니다. self.x가 0보다 작거나 1000보다 큰지 물어보는 거예요. 만약 그렇다면, dx의 부호를 바꾸어 포탄이 반대 방향으로 향하게 합니다. 그리고 self.bounces에 1을 더합니다. 마지막 if 문은 스크린의 위아래에 대해 같은 일을 합니다.

이제 bounce() 함수를 불러옵시다. 이 코드는 while 루프 안에 들어갑니다.

```
while 1:
(중략)
    i = 0
    while i < len(shells):
        shells[i].move()
        shells[i].bounce()
        shells[i].draw()
        i += 1
```
실행

코드를 실행시킨 후 Q나 오른쪽 Shift를 누르면 벽에 튕겨져 나오는 포탄들을 볼 수 있지만, 포탄들도 아직 탱크를 파괴하지 못하고 포탄을 삭제할 방법도 없지요. 내버려두면 조만간 스크린이 포탄으로 가득 찰 수도 있습니다. 공이 배트 안에 갇혔던 것처럼(193쪽 참고) 포탄들이 움직이는 벽 안에 갇히는 경우도 생길 수 있지만, 이 문제는 해결할 필요가 없습니다. 어차피 포탄이 4번 튕기면 삭제되게끔 만들 예정이니까요.

계산 순서

　고등학교에서 계산은 소괄호, 지수, 곱셈과 나눗셈, 덧셈과 뺄셈의 순서로 한다는 것을 배웁니다. 2+3x4는 20이 아니라 14입니다. (2+3)x4라고 하면 20이지요. 5-4+8은 -7이 된다고 착각할 수 있습니다. 뺄셈보다 덧셈을 먼저 해야 한다고 생각한다면요. (덧셈을 먼저 해야 한다고 생각하면 5-4+8에서 4+8을 먼저 합니다. 그러면 12가 되고, 그다음 뺄셈을 하면 5-12 = -7이라고 생각하게 되는 것입니다.) 하지만 파이썬 쉘을 열어 5-4+8을 입력하면, 파이썬은 9라고 대답합니다. 이게 맞는 답이죠. 실제로 덧셈보다 뺄셈을 먼저 하는 게 아니니니까요. 덧셈과 뺄셈은 왼쪽에서 오른쪽의 순서대로 합니다.

```
Python 3.6.5 Shell

Python 3.6.5 (v3.6.5:f59c0932b4, Mar 28 2018, 17:00:18 [MSC v.1900 64 bit (AMD64)]
on win32 Type "copyright". "credits" or "license()" for more information.
>>> 5-4+8
9
```

　모든 곱셈과 나눗셈은 모든 덧셈과 뺄셈보다 먼저 해야 하지만, 덧셈과 뺄셈만 남으면 왼쪽부터 오른쪽으로 가면서 계산합니다. 이것은 곱셈과 나눗셈의 경우에도 마찬가지입니다. 나눗셈을 꼭 곱셈 전에 할 필요는 없습니다. 이 경우에도 왼쪽에서 오른쪽으로 가면서 계산합니다. 이런 혼란을 피하기 위해, 프로그래머들은 주로 괄호를 사용합니다. 코드를 읽기도 쉽습니다.
　불 대수에도 계산 순서가 있습니다.
　예를 들어 봅시다.

not A or B

　이것은 not (A or B)라는 뜻일까요 아니면 (not A) or (B)라는 뜻일까요?
　불 대수에서는 not, and, or 순서로 계산합니다. 따라서 (not A) or (B)입니다.

포탄 삭제 코드를 만들어 봅시다. 포탄 삭제 조건은 여러 개니까 플래그flag를 써 봅시다(107쪽 참고). 각 포탄에 플래그를 꽂고, 플래그가 거짓인 동안에는 포탄이 하던 일을 그대로 하게 두지만, 참이 되면 포탄을 삭제합니다. 포탄을 제어하는 while 루프 안에 플래그를 추가합시다.

```
while 1:
(중략)
        i = 0
        while i < len(shells):
            shells[i].move()
            shells[i].bounce()
            shells[i].draw()
            flag = False

            if flag:
                del shells[i]
                i -= 1
            i += 1
```

if flag: 라는 코드는 flag가 참인지 묻는 코드입니다. 플래그가 참이면 i번 포탄을 포탄 리스트에서 지웁니다.

안녕, 마이크.
꽤 오랜만이네.
보고 싶었어.

보고 싶었다고?
나한테 화난 줄 알았는데.

그 둘은
동시에 있을 수 있는 일이지.

이제 플래그가 참이 되는 조건을 추가합니다. self.bounces가 5가 되거나, 포탄이 녹색 탱크를 맞히거나, 포탄이 파란색 탱크를 맞힌 경우입니다. 탱크 클래스 안에 hit_shell()이라는 함수를 만들어 포탄에 맞으면 어떻게 할지 탱크들한테 알려 주겠습니다. 이 함수는 아래같이 포탄을 제어하는 while 루프 안에서 불러옵니다. 함수 자체를 만드는 것은 다음 쪽에서 할게요.

```
while 1:
(중략)
    i = 0
    while i < len(shells):
        shells[i].move()
        shells[i].bounce()
        shells[i].draw()
        flag = False

        if tankG.hit_shell(shells[i]):
            flag = True
        if tankB.hit_shell(shells[i]):
            flag = True
        if shells[i].bounces == 5:
            flag = True
        if flag:
            del shells[i]
            i -= 1
        i += 1
```

hit_shell() 함수가 참값을 돌려주면 포탄의 플래그가 참으로 바뀝니다. bounces가 5가 돼도 그렇지요. 플래그가 참이 되면 포탄은 삭제됩니다.

다음은 포탄과 탱크 사이의 충돌 감지 함수입니다. 이 함수는 탱크 클래스 안에 위치합니다.

```
class Tank:
    (중략)
    def hit_shell(self,shell):
        return pygame.Rect(self.x,self.y+10,60,60).collidepoint(shell.x,shell.y)
```

실행

탱크 위에 그려지는 가상 직사각형Rect의 y좌표를 self.y+10으로 정했습니다. 탱크가 회전해도 이 직사각형은 움직이지 않습니다. 탱크가 어떤 방향을 바라보든 이 직사각형이 항상 탱크 안에 있게 하고 싶기 때문입니다. 탱크가 위 또는 옆을 바라볼 때는 보이지 않는 직사각형이 탱크 안에 있지만, 아래 그림처럼 수직이나 수평이 아닐 때는 탱크 밖으로 삐져 나오거든요. 탱크가 가리키는 방향이 어디든 항상 작동하도록 이 직사각형을 회전시킬 수는 없습니다. 그건 너무 어렵습니다. 이 정도만 해도 충분합니다.

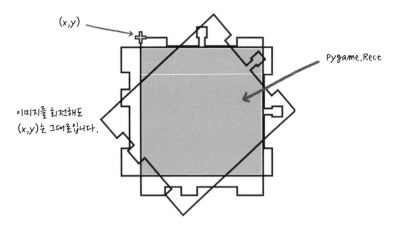

(x,y)

Pygame.Rect

이미지를 회전해도
(x,y)는 그대로입니다.

여기에서는 가상 직사각형Rect를 더 작게 만들고 좌표를 조금 옮겨서 탱크가 어떤 방향을 바라보든 항상 탱크 안에 있게 만들었지만, 포탄이 탱크의 모서리를 맞혔을 때는 맞힌 걸로 간주되지 않을 겁니다. 언제나처럼 타협이 필요하지요.

현재 포탄은 4번 튕기고 나서 다시 튕기거나 탱크에 닿으면 삭제됩니다. 반면 탱크는 고통받지 않습니다.

harm() 함수를 만듭니다. 포탄에 맞으면 탱크는 2초 정도 깜빡이다가 생명을 잃습니다. 깜빡일 때는 다시 포탄에 맞아도 변화가 없어야 합니다. 생명lives 변수와 flash_time_end 변수를 만듭니다. 이 코드들은 탱크 클래스의 __init__() 함수 안에 들어가야 합니다.

```
class Tank:
    def __init__(self,x,y,dir,ctrls,img):
    (중략)
        self.flash_time_end = 0
        self.lives = 3
```

이제 탱크 클래스에 harm() 함수를 추가합니다.

```
class Tank:
    def __init__(self,x,y,dir,ctrls,img):
    (중략)
    def harm(self):
        if time.time() > self.flash_time_end:
            self.flash_time_end = time.time() + 2
            self.lives -= 1
```

이 함수는 포탄이 탱크에 맞았을 때(hit_shell()이 참일 때) 불려집니다. 현재 시각이 flash_time_end보다 커도 참이 되지요. 반드시요. flah_time_end는 0이기 때문입니다. 그러면 flash_time_end를 time.time() + 2로 바꿉니다.

만약 harm() 함수가 2초 내로 불려지면, 첫 번째 if 문은 참이 되지 않습니다. time.time()은 self.flash_time_end보다 작습니다. 따라서 flash_time_end를 리셋하지 않습니다. 또 다른 생명을 잃지도 않습니다. 하지만 2초가 지나면 if 문이 참이 되므로 생명을 잃게 됩니다.

마침내 탱크가 맞았을 때 harm() 함수를 부르는 코드입니다. 포탄을 제어하는 while 루프 안에서 불러옵니다.

```python
while 1:
(중략)
        i = 0
        (중략)
            if tankG.hit_shell(shells[i]):
                tankG.harm()
                flag = True
            if tankB.hit_shell(shells[i]):
                tankB.harm()
                flag = True
```

이제 포탄과 탱크의 충돌 감지 코드가 완성됐습니다. 포탄이 플래그를 바꾸고, 탱크의 harm() 함수도 불러옵니다.

아직 포탄에 맞았을 때 탱크가 번쩍이게 만들지는 않았습니다. 탱크의 draw() 함수 안에서 만듭니다.

```
class Tank:
    def draw(self):
        if time.time() > self.flash_time_end or time.time()%0.1 < 0.05:
            rotated = pygame.transform.rotate(self.img,self.dir)
            screen.blit(rotated,(self.x+self.img.get_width()/2-rotated.get_width()/2,
            self.y+self.img.get_height()/2-rotated.get_height()/2))
```

실행

위에서 쓴 if 문에는, or 사이에 2개의 조건이 있습니다. 둘 중 하나라도 참이면 screen.blit 함수는 실행됩니다. 사실 첫 번째 조건은 대부분 참입니다. 아닐 때는 harm() 함수가 불려온 후 2초 동안뿐이지요. 그 2초 동안을 제외하면 항상 탱크는 화면 위에 표시돼 있습니다.

두 번째 조건 time.time()%0.1 < 0.05:를 봅시다. 앞에서 각에 대해 설명할 때 모드^{modulus}를 사용했습니다. 모드는 어떤 수를 다른 수로 나누고 남은 나머지입니다. 17÷3은 몫이 5이고 나머지는 2입니다. 따라서 17 mod 3은 2입니다. 파이썬에 17%3을 입력하면 2라는 답이 나옵니다. 모드 값은 항상 0부터 나누는 수 사이의 수입니다. 따라서 이 조건에서 time.time() % 0.1은 0과 0.1 사이의 수입니다. 정해진 시간의 반이 지나기 전에는 이 값은 0.05초보다 작을 것입니다. 이 경우에는 참이 돼 탱크는 화면 위에 표시됩니다. 그렇지 않으면 거짓이 돼 탱크는 표시되지 않습니다. 보통 이런 식으로 이미지를 번쩍이게 합니다.

반짝이는 원 그리기

다른 데서도 이미지가 반짝이도록 해 볼까요? 예를 들어 38쪽에서 만든 첫 번째 프로그램에서 원 그리기 코드를 다음 코드로 바꿔 봅시다.

```
import pygame, sys, time
(중략)
while 1:
(중략)
    if time.time() % 1 < 0.5:
        pygame.draw.circle(screen, (0, 255, 0), (100, 150), 20)
```

다음 코드를 사용하여 숫자를 바꿔 보세요.

```
if time.time() % 1 < 0.2:
```

아니면 이 코드를 사용해 보세요.

```
if time.time() % 2 < 1.7:
```

숫자를 변수로 바꾸고 매 게임 루프마다 바뀌게 해 보세요. 웹사이트에 예제가 있습니다.

포탄이 탱크를 맞힐 때 발사음이 들리면 더 좋겠네요. 음향 효과 2개를 추가합시다. 사운드 파일을 sounds 폴더에 넣으세요. 다운로드할 파일 이름은 shell.ogg와 tank_hit.ogg입니다. 셋업에 아래 코드를 넣습니다.

```
shell_sound = pygame.mixer.Sound("sounds/shell.ogg")
harm_sound = pygame.mixer.Sound("sounds/tank_hit.ogg")
```

포탄이 탱크를 맞힐 때 harm_sound가 불려와집니다. 아래 코드의 추가된 부분입니다.

```
while 1:
(중략)
      i = 0
   (중략)
      if tankG.hit_shell(shells[i]):
          tankG.harm()
          harm_sound.play()
          flag = True
      if tankB.hit_shell(shells[i]):
          tankB.harm()
          harm_sound.play()
          flag = True
```

shell_sound는 포탄이 __init__() 함수 안에서 만들어질 때 들려야 합니다.

```
class Shell:
    def __init__(self,x,y,dir):
        (중략)
        shell_sound.play()
```

실행

게임을 실행시키면 포탄 발사 0.몇 초 뒤에 소리가 재생됩니다. 파이게임이 소리를 재생시키기 전에 버퍼buffer에 올려 놓기load 때문입니다. 이렇게 하는 데 나름의 이유가 있지만, 지금은 짜증날 뿐이죠. 이 문제를 해결하려면 버퍼를 줄여야 합니다.

다음 코드를 셋업의 pygame.init() 코드 위에 넣으세요. 중요해요.

```
pygame.mixer.init(buffer=512)
pygame.init()
```

실행

더 이상 소리가 늦게 재생되지 않을 거예요.

현재 우리 탱크들은 벽을 뚫고 돌아다닐 수 있습니다. 막아야겠지요? 탱크와 벽 사이에 충돌 감지를 넣습니다. 의사 코드로는 다음과 같습니다.

> 다음이 참인지 거짓인지 찾아라
>
>   탱크와 수직으로 겹친다
>
>   또는
>
>   탱크와 수직으로 겹치지 않는다

이 함수를 탱크 클래스에 추가합니다.

```
class Tank:
    (중략)
    def hit_wall(self,wall):
        return ((wall.vert and
    pygame.Rect((wall.x,wall.y),vert_wall_image.get_size()).colliderect((self.x,self.
    y+10),(60,60)))
    or (not wall.vert and
    pygame.Rect((wall.x,wall.y),wall_image.get_size()).colliderect((self.x,self.
    y+10,60,60))))
```

hit_wall() 함수는 탱크 클래스에 있으므로 self는 탱크를 가리킵니다. 이 함수는 벽을 제어하는 for 루프에서 불려와 개별 벽이 탱크와 닿았는지 차례대로 확인합니다(다음 쪽 참고). 두 직사각형의 충돌을 확인해야 하므로, colliderect() 함수를 사용합니다. Rect()는 벽의 좌표와 크기를 인자로 갖습니다. colliderect() 함수는 탱크의 좌표와 크기를 인자로 갖습니다.

hit_wall() 함수는 return (A and B) or (C and D)라는 구조입니다. A, B, C, D는 각각 참값 아니면 거짓값을 돌려줍니다. 예를 들어 A, 즉 wall.vert는 벽이 수평이면 거짓값을 돌려줍니다. 앞에서는 직접 참인지 거짓인지 썼지요(297쪽 참고). 나머지 세 조건(B, C, D)은 파이썬이 실제로 계산해 답해 줍니다. A와 B가 참이거나 C와 D가 참이면, hit_wall() 함수는 참값을 돌려줍니다. 320쪽에서는 hit_shell() 함수가 참이면 harm() 함수가 불려졌습니다. 다음 쪽에서는 hit_wall() 함수가 참이면 harm() 함수가 불려집니다. 이제 포탄이 탱크를 맞히거나 탱크가 벽에 부딪히면 harm() 함수가 불려집니다.

탱크는 생명을 잃은 직후 2초 동안 아무 영향도 받지 않습니다. 벽을 뚫고 지나가거나 포탄에 또 맞아도 생명을 잃지 않지요. 괜찮습니다. 전쟁 전략 중 하나라고 생각하세요. 탱크가 벽을 뚫고 지나가지 못하게 하거나 생명을 잃으면 바로 끝나게 하는 것은 조금 복잡합니다. 탱크와 벽이 모두 움직이기 때문입니다. 벽이 움직이지 않는 경우에는 좀 쉽지만요.

이제 hit_wall() 함수를 불러옵니다.

```
while 1:
(중략)
        for wall in walls:
            wall.move()
            wall.draw()
            if tankG.hit_wall(wall):
                tankG.harm()

            if tankB.hit_wall(wall):
                tankB.harm()
```

for 루프로 벽 리스트를 돌립니다. 먼저 벽 하나를 움직이고 그립니다. 그 벽과 탱크가 충돌했는지도 확인합니다. 녹색 탱크tankG에 대해 hit_wall()이 참인지 확인하고, 그렇다면 harm() 함수를 불러옵니다. 그리고 파란색 탱크tankB에 대해서도 마찬가지로 합니다. 다 하면 벽들 리스트 안에 있는 다음 벽에 대해서 이것을 반복합니다. 리스트 안의 벽을 다 확인할 때까지 반복합니다.

네 노트북에 불났어!
점점 퍼지고 있어!

알아. 연기를 보자마자
불을 감지해서
119를 부르는 앱을 만들기 시작했어.
거의 끝나가.

이런 젠장. 컴퓨터 고장났네.

이름만 봐서는 아무것도 알 수 없지

tankG.hit_wall(wall)의 괄호 안에 있는 벽^{wall}은 for 루프에서 온 것입니다. 83쪽에서 이런 식으로도 for 루프를 쓸 수 있다고 했습니다.

```
for pepperoni in walls
    pepperoni.move()
    pepperoni.draw()
```

따라서 이렇게 써도 됩니다.

```
if tankG.hit_wall(pepperoni):
    tankG.harm()
if tankB.hit_wall(pepperoni):
    tankB.harm()
```

hit_wall() 함수는 다음 코드로 시작합니다.

```
def hit_wall(self,wall):
```

이렇게 써도 되는 이유는 wall이라는 단어가 for 루프 안에 있는 wall이라는 단어와 상관없기 때문입니다. 사실 hit_wall() 함수는 다음과 같이 써도 됩니다.

```
def hit_wall(self,chicken):
    return chicken.vert and etc.
```

파이썬에게는 이름에 딸려 오는 정보만 중요합니다. 벽들 리스트에 있는 항목들은 x, y, vert라는 3개의 인자를 갖습니다. 벽들 리스트의 모든 항목은 저 3개의 인자를 갖습니다. 리스트가 항목들을 가져온 벽 클래스가 3개의 인자를 갖기 때문입니다. 3개의 인자는 for 루프 안 모든 페퍼로니에게 전달됩니다. 페퍼로니가 hit_wall() 함수에게 전달되면, hit_wall() 함수는 어깨를 으쓱하면서 "널 치킨이라고 부르겠어."라고 말합니다. hit_wall() 함수가 신경 쓰는 건 인자 주머니 안뿐이니까요. 이 함수는 x, y, vert를 사용하니까 그게 들어 있으면 좋겠다고 기대합니다. 만약 없으면 파이썬은 화를 내며 멈출 거예요. 인자 주머니 이름에는 전혀 신경 쓰지 않지요. 이 설명이 이해되면 좋겠지만, 이해하지 못해도 괜찮습니다.

생명lives 변수는 만들었는데 사용하는 부분은 아직 안 만들었습니다. 퐁 게임에서 점수를 보여준 방법으로 생명 변수를 보여 줘도 됩니다. 초깃값은 3으로 정하고 탱크가 맞을 때마다 1씩 뺍니다. 폰트를 만들고, 생명 변수의 값을 문자열로 만들고, 그것을 폰트 안에 넣어서 스크린에 표시합니다. 이렇게 해도 되지만, 이번에는 그림으로 표시해 봅시다. 다음 그림과 같이 원을 그리고 생명을 하나씩 잃을 때마다 3분의 1씩 지웁니다.

이렇게 하려면 각 탱크에 대해 3개씩, 총 6개의 이미지가 필요합니다. 녹색 세트와 파란색 세트가 있습니다. 이미지는 평소 하던 대로 프로그램의 셋업에서 가져옵니다. 이번에는 2개의 튜플을 사용합니다. 셋업에 다음 코드를 쓰세요.

```
G_lives=(
    pygame.image.load("images/lives_1G.png").convert_alpha(),
    pygame.image.load("images/lives_2G.png").convert_alpha(),
    pygame.image.load("images/lives_3G.png").convert_alpha()
    )
B_lives=(
    pygame.image.load("images/lives_1B.png").convert_alpha(),
    pygame.image.load("images/lives_2B.png").convert_alpha(),
    pygame.image.load("images/lives_3B.png").convert_alpha()
    )
```

화면에 깔끔하게 보이기 위해 코드를 이렇게 썼습니다. 파이썬은 위 코드를 딱 두 줄로 취급합니다. 튜플을 쓸 때는 괄호를 사용해야 합니다. 파이썬은 괄호 안의 것들은 어떻게 쓰였던 간에 코드한 줄로 취급합니다.

이제 다음 코드를 게임 루프 안에 넣습니다. 어디에 넣을지는 탱크와 포탄이 점수 앞에 보이도록 할지, 아니면 점수가 탱크와 포탄 앞에 보이도록 할지에 달려 있습니다. 우리는 항상 점수가 보이도록 하고 싶으므로 다음 코드를 pygame.display.update() 바로 위에 씁니다.

```
while 1:
(중략)
        screen.blit(G_lives[tankG.lives-1],(965,30))
        screen.blit(B_lives[tankB.lives-1],(5,30))
    pygame.display.update()
```

실행

이 코드는 앞에서 만든 생명 이미지 리스트 안의 항목들을 스크린 위의 특정 지점에 표시하는 코드입니다. 각 생명별 항목 번호는 생명에서 1을 뺀 값입니다. 생명은 1부터 3까지인데, 이미지 리스트의 번호는 0부터 2까지거든요. 이미지는 튜플에 저장돼 있지만, 가져올 때는 대괄호를 사용했습니다. 만약 소괄호를 썼다면 G_lives와 B_lives가 함수처럼 보이겠지요.

생명이 0이 됐을 때는 파이썬이 리스트에서 -1번 항목을 가져와야 하지만 2번 항목, 즉 생명이 3인 이미지를 가져오는 것을 볼 수 있습니다. 파이썬은 리스트의 길이에서 1을 뺀 값에 이를 때까지 이렇게 합니다. 그럼 리스트는 끝났다고 불평하면서 충돌하겠지요. 그렇게 놔두지는 않을 겁니다. 탱크의 생명이 0이 되면, 게임을 끝내고 승자를 선언합시다.

이 게임에는 2개의 게임 오버 이미지가 있습니다. 하나는 녹색이 이겼을 경우, 다른 하나는 파란색이 이겼을 경우입니다. 둘 다 스크린과 크기가 같습니다. 다운받았든 직접 만들었든 이미지가 완성됐다면 게임 오버 이미지를 프로그램의 셋업에서 불러옵시다.

```python
G_wins = pygame.image.load("images/greenwins.jpg").convert()
B_wins = pygame.image.load("images/bluewins.jpg").convert()
```

다음 코드는 게임 루프 끝, pygame.display.update() 위에 씁니다.

```python
while 1:
(중략)
        screen.blit(G_lives[tankG.lives-1],(965,30))
        screen.blit(B_lives[tankB.lives-1],(5,30))
        if tankG.lives == 0:
            screen.blit(B_wins,(0,0))
            menu = "dead"
        if tankB.lives == 0:
            screen.blit(G_wins,(0,0))
            menu = "dead"

    pygame.display.update()
```

한 플레이어의 생명이 0이 되면 다른 플레이어가 이겼음을 나타내는 게임 오버 스크린이 표시되고 메뉴는 "dead"로 바뀝니다.

　이미지의 크기는 가로 1000픽셀, 세로 600픽셀입니다. 항상 그렇듯이 가장 왼쪽 위 좌표는 (0, 0)입니다. 다시 시작하기Play Again 버튼의 가장 왼쪽 위의 좌표는 (555, 444)고요. 버튼 너비는 333픽셀이고, 높이는 88픽셀입니다. 이 숫자들은 다음 쪽의 코드에서 볼 수 있습니다. 게임 재시작을 위해 마우스 화살표가 보이지 않는 직사각형Rect과 겹치는지(마우스 버튼을 클릭했는지) 확인합니다.

안나? 그런 애 모르겠는데.

내 컴퓨터에서 파일을 하나 찾았는데
에러가 있어.
"마이크에게. 안나는 정말..."
이러고 잘렸어.

아래는 메뉴가 "dead"일 때 할 일을 적은 코드입니다. 게임 루프 끝 pygame.display.update() 위에 씁니다.

```
while 1:
(중략)
    if menu == "dead":
        if pygame.mouse.get_pressed()[0] and pygame.Rect((555,444),(333,88)).
        collidepoint(pygame.mouse.get_pos()):
            shells = []
            tankG = Tank(740,20,180,(K_UP,K_DOWN,K_LEFT,K_RIGHT),tankG_image)
            tankB = Tank(200,500,0,(K_w,K_s,K_a,K_d),tankB_image)
            menu = "game"
    pygame.display.update()
```

실행

메뉴가 "dead"로 바뀌면, 게임 오버 스크린이 이미 표시돼 있습니다. 파리 잡기 게임에서는 menu == "dead" 코드 안에 게임 오버 스크린을 표시하는 코드를 썼지만 여기에서는 게임이 끝나는 경우가 두 가지(녹색이 이기거나 파란색이 이기거나)이므로, 게임 오버 스크린을 표시하는 코드는 승자를 선언하는 코드와 같이 쓰는 것이 좋습니다.

menu == "dead" 섹션으로 들어오면, 게임 오버 이미지 위에 있는 재시작 버튼에 마우스 클릭을 감지합니다. 시작 메뉴에서처럼요. 마우스가 클릭되면 몇 가지 조건을 리셋합니다. 먼저 포탄 리스트를 리셋합니다. 아직 리스트 안에 남은 포탄이 있을 수도 있기 때문입니다. 탱크는 원래의 위치와 방향으로 돌아갑니다. 생명은 여기서 리셋할 필요 없습니다. 탱크 클래스의 __init__() 함수에서 리셋되기 때문입니다.

아마도 "안나는 정말 멋지다"?

응. 아마도.

지금까지 기본적인 게임을 만들었습니다. 보다 재미있도록 한 가지 추가합니다. 탱크가 포탄을 탄약 창고에서 보급 받도록 만듭시다. 탱크가 최대 10개의 포탄을 가질 수 있게요. 포탄을 다시 채울 수 있는 창고도 두 군데 만듭니다. 아래 그림처럼 포탄이 얼마나 남아 있는지도 스크린 위에 표시해 줍니다.

아래 그림은 포탄 보급 탄약고입니다.

항상 하던 대로 이 이미지를 프로그램의 셋업에서 추가합니다. 포탄이 얼마나 남았는지는 shell.png라는 이미지로 보여 주겠습니다. 이 이미지는 포탄 1개입니다. 탄약고 이미지 파일 이름은 ammobox.png입니다.

```
shell_image = pygame.image.load("images/shell.png").convert_alpha()
ammobox_image = pygame.image.load("images/ammobox.png").convert_alpha()
```

그래서 네 생각엔 우린 기억하지 못하지만 많은 일을 같이 했을지도 모른다는 거지?

응. 아마도 많이.

탄약고^{ammobox} 클래스를 만듭니다.

```
class Ammobox:
    def __init__(self,x,y):
        self.x = x
        self.y = y

    def draw(self):
        screen.blit(ammobox_image,(self.x,self.y))
```

기본 클래스는 단순합니다. 탄약고가 만들어질 때 놓을 장소를 __init__() 함수에게 알려 주고 draw() 함수로 스크린 위에 이미지를 표시합니다. 탄약고 생성자^{constructors} 안에 리스트도 만듭니다. 언제나 그렇듯이 클래스 아래 생성자가 모인 부분에 쓰면 됩니다.

```
shells=[]
ammoboxes = (Ammobox(740,500),Ammobox(200,20))
```

2개의 탄약고를 만들고 각각 x, y값을 주었습니다. 이제 게임 루프에서 draw() 함수를 불러옵니다. 벽을 제어하는 for 루프 다음에 for 루프를 하나 더 만드는 거지요.

이제 프로그램을 실행시키면 2개의 탄약고가 리스트의 항목으로 주어진 지점에 놓여 있는 것을 볼 수 있습니다.

```
while 1:
(중략)
        for wall in walls:
            (중략)
            if tankB.hit_wall(wall):
                tankB.harm()
        for ammobox in ammoboxes:
            ammobox.draw()
```

지금부터 탱크와 탄약고 사이의 충돌을 감지해야 합니다. 탄약고 클래스 안에 collect()라는 함수를 만들고 탄약고가 탱크에 닿은 후, 10초 동안 보이지 않도록 하겠습니다. 한 번에 써 봅시다.

```python
class Ammobox:
    def __init__(self,x,y):
        self.x = x
        self.y = y
        self.reappear = 0

    def collect(self,tank):
        if time.time() > self.reappear and pygame.Rect((self.x,self.y),ammobox_image.
get_size()).colliderect((tank.x,tank.y+10),(60,60)):
            self.reappear = time.time() + 10

    def draw(self):
        if time.time() > self.reappear:
            screen.blit(ammobox_image,(self.x,self.y))
```

collect() 함수는 탄약고와 탱크 사이의 충돌 감지 함수입니다. 이 함수의 인자는 탱크 하나밖에 없습니다. 고로 이 함수를 부를 때는 이 함수에게 탱크를 인자로 주어야 합니다(다음 쪽 참고).

그다음 "if"로 시작하는 줄에서는 time.time()이 self.reappear보다 큰지, 그리고 함수에게 주어진 탱크가 탄약고와 충돌하는지 물어봅니다. 처음에는 time.time()은 self.reappear보다 큽니다. self.reappear는 0이기 때문입니다.

보이지 않는 가상 직사각형Rect은 탄약고의 좌표(self.x, self.y)에 놓여 있습니다. image.get_size() 함수를 사용했기 때문에, 이 직사각형의 크기는 탄약고의 크기와 같습니다. 이제 보이지 않는 직사각형이 colliderect() 안의 두 번째 직사각형과 충돌했는지 묻습니다. 두 번째 직사각형의 좌표와 크기는 충돌하는 부분의 탱크의 좌표와 크기와 같습니다(318쪽 참고).

이 모든 것이 참이면 self.reappear는 time.time()+10으로 설정됩니다. 그러니까 if 문의 첫 번째 조건은 최소한 10초 동안은 참값을 돌려주지 않습니다. 충돌 후 10초 동안에는 탱크는 다시 탄약고에 충돌할 수 없습니다. draw() 함수는 time.time()이 self.reappear보다 클 때만 탄약고를 표시하므로 충돌 후 10초 동안은 탄약고가 보이지 않습니다.

이제 탄약고를 제어하는 for 루프에서 collect() 함수를 불러와야 합니다.

```
while 1:
(중략)
        for wall in walls:
            (중략)
            if tankB.hit_wall(wall):
                tankB.harm()
        for ammobox in ammoboxes:
            ammobox.draw()
            ammobox.collect(tankG)
            ammobox.collect(tankB)
```

각 탄약고를 차례대로 확인하면서 draw() 함수를 불러오고, 각 탱크에 대해 collect() 함수를 불러옵니다.

> **참고**
>
> 만약 탱크가 2개가 아니라 탱크 리스트가 있었다면, 코드를 아래처럼 써야 합니다.
>
> ```
>     for ammobox in ammoboxes:
>         ammobox.draw()
>         for tank in tanks:
>             ammobox.collect(tank)
> ```
>
> 여기에는 for 루프 안에 for 루프가 있습니다. 142쪽에서 while 루프 안에 while 루프를 썼지만, 이 책에서 for 루프 안에 for 루프를 쓰는 것은 처음입니다. 보통 자주 쓰는 테크닉입니다. 2개의 리스트가 있는데, 한 리스트 안의 모든 항목과 다른 리스트 안의 모든 항목 사이의 충돌이나 어떤 상호작용이라도 감지하고 싶은데 항목을 삭제하고 싶지 않을 때 이렇게 하면 좋습니다.

마이크와 마사는 서로의 눈을 깊이 들여다보았다.
그들은 가까이 다가섰다. 그들의 심장은 빨리 뛰고 있었다.

발사하면 탄약이 줄어들고, 탄약고에 가면 보급되도록 할 코드를 추가합니다. 탄약_{ammo} 변수가
필요합니다. 아래 코드를 탱크 클래스의 __init__함수 안에 넣으세요.

```python
class Tank:
    def __init__(self,x,y,dir,ctrls,img):
    (중략)
        self.ammo = 5
```

fire() 함수 안에 코드 몇 줄을 추가합니다.

```python
class Tank:
    (중략)
    def fire(self):
        if self.ammo > 0:
            shells.append(Shell(self.x+self.img.get_width()/2,
    self.y+self.img.get_height()/2,self.dir))
            self.ammo -= 1
```

포탄은 self.ammo가 0보다 클 때만 만들어지고, self.ammo는 포탄이 만들어질 때마다 1씩 줄
어듭니다. 지금부터는 탄약고에 닿은 탱크의 포탄 수를 늘려야 합니다. 탄약고에서는 한 번에 5개
의 포탄을 보급하고, 탱크는 한 번에 10개 이상 포탄을 지닐 수 없게 합시다. 그러면 탄약고 클래스
의 collect() 함수를 수정해야 합니다. 거기에서 탱크와 탄약고 사이의 충돌을 감지하거든요.

min() 함수는 인자 중 가장 작은 값을 취합니다. 이렇게 ammo의 최대값을 10으로 정했습니다.

```python
class Ammobox:
(중략)
    def collect(self,tank):
        if time.time() > self.reappear and pygame.Rect((self.x,self.y),box_image.get_size())
    .colliderect((tank.x,tank.y+10),(60,60)):
            tank.ammo = min(tank.ammo+5,10)
            self.reappear = time.time() + 10
```

tank.ammo가 3일 때 탄약고에 가면 포탄 8개를, 8개 있을 때는 10개를 지니게 말이지요.

현재 탄약고 리스트(사실 튜플)는 게임을 재시작할 때 리셋되지 않습니다. 따라서 재시작 코드에 리셋 코드를 추가합니다.

```
while 1:
(중략)
    if menu == "dead":
        if pygame.mouse.get_pressed()[0] and
↲pygame.Rect((555,444),(333,88)).collidepoint(pygame.mouse.get_pos()):
            (중략)
            ammoboxes = (Ammobox(740,500),Ammobox(200,20))
            menu = "game"
```

ammo는 탱크의 __init__() 함수 안에서 리셋하므로, 여기서 리셋할 필요가 없습니다.

스크린 위에 포탄 아이콘을 그려 봅시다. 이 코드는 포탄 아이콘 표시 코드입니다. 지금은 게임 루프 끝 쪽, 생명 표시 코드 아래 쓰지만, 반드시 거기에 쓸 필요는 없습니다. 배경을 표시한 다음이라면 어디에 넣든 별로 상관없습니다.

```
while 1:
(중략)
    if menu == "game":
        (중략)
        screen.blit(B_lives[tankB.lives-1],(5,30))
        for i in range(tankG.ammo):
            screen.blit(shell_image,(987-i*10,5))
        for i in range(tankB.ammo):
            screen.blit(shell_image,(5+i*10,5))
```

실행

tankG.ammo는 녹색 탱크^{tankG}가 지닌 포탄 개수 저장 변수입니다. 82쪽에 range() 함수가 나오지요? range()는 0부터 인자로 주어진 수에서 1을 뺀 값까지의 리스트를 만듭니다. tankG. ammo가 3이면 range()는 0, 1, 2를 돌려줍니다. for 루프는 리스트에 있는 개별 항목의 값에 i를 주면서 돌기 때문에, i는 0 아니면 1 아니면 2입니다.

참고

만약 tankG.ammo가 0이면 range()는 빈 리스트를 돌려줍니다. (정확히 말하자면 튜플이 한번 만들어졌다가 버려지지요.) 따라서 for 루프는 아무것도 하지 않습니다.

이제 i의 값이 screen.blit() 함수의 두 번째 인자로 주어진 지점에 포탄 이미지를 표시합니다. 각 포탄은 x축을 따라 10픽셀만큼씩(10*i) 떨어진 위치에 표시됩니다. 녹색 탱크의 포탄들은 오른쪽에서 왼쪽으로, 파란색 탱크 폭탄들은 왼쪽에서 오른쪽으로 가면서 표시됩니다. tankG.ammo가 1이면 i는 0이 돼 포탄 이미지는 (987, 5)에 표시됩니다. 만약 tankG.ammo가 2면 i는 1이므로 포탄 이미지는 (967, 5)에 표시됩니다.

참고

생명도 같은 방법으로 표시할 수 있습니다. 앞에서 사용한 삼분원 말고 다른 방식, 예를 들어 하트 같은 걸로 표시하고 싶다면요.

```
for i in range(tankG.lives):
    screen.blit(heart_image,(987-i*20,30))
```

이렇게 하려면 하트 이미지가 있어야겠지요? 이 코드에서는 하트 이미지는 가로 방향으로는 20픽셀씩 떨어뜨려 놓고 y축에서는 30만큼 내려온 위치에 놓습니다.

이렇게 평생(또는 몇 시간만이라도) 조금씩 게임을 바꿔 나갈 수 있습니다. 각 탱크의 속도를 다르게 할 수도 있습니다. 아마도 이것은 쉬울 겁니다. 탱크를 만들 때 속도 인자를 추가한 다음 탱크 클래스의 __init__ 함수에 알려 주기만 하면 되니까요. self.speed = speed라고 쓰면 되겠군요. 그리고 dx와 dy에 speed를 곱하면 됩니다. 포탄의 속도도 이런 식으로 바꿀 수 있습니다. 포탄을 만들 때 포탄 속도 인자를 추가하면 됩니다. 포탄 속도 인자를 포탄 클래스 안에 써 주면 되지요. 포탄은 빠르게, 탱크는 느리게 바꿀 수 있지요. 느린 탱크에게 생명을 더 줄 수도 있고요. 방식은 거의 같습니다. 탱크가 만들어질 때 생명 인자를 추가하고 __init__() 함수 안에 있는 생명하고 같도록 바꾸세요. 물론 이렇게 하면 생명 이미지는 바꿔야겠지요. 일렬로 하트 이미지를 표시해도 되고 원을 다르게 쪼개도 되겠지요.

이제 끝입니다. 지금까지 4개의 게임을 만들면서 많은 것을 배웠습니다. 클래스, 함수, 루프, 변수 등 많은 것에 익숙해졌을 것입니다. 100개의 서로 다른 게임을 만드는 코드와 만든 게임에 추가할 100개의 새로운 특징을 알게 됐습니다. 상상력을 발휘해 보세요.

우리는 이 책의 테마를 확장하는 두 번째 책을 작업하려고 합니다. 플랫포머platformer 게임(지오메트리 대쉬geometry dash와 같이, 화살표 키를 이용하여 캐릭터를 이동하며 장애물을 통과하는 게임을 말합니다.)에 집중하려고 합니다. 그동안은 계속 실험하면서 인내심을 기르세요. 도움이 되는 웹사이트와 책들이 많이 있습니다. 세계 각지에 코딩 클럽도 있지요. 클럽에 참여하거나 가능하면 스스로 클럽을 만들어 보는 것도 좋습니다. 없어도 괜찮습니다. 필요한 건 컴퓨터 한 대와 인내심 뿐이지요. 가장 잘 배울 수 있는 레슨은 여러분 스스로 가르치는 레슨입니다.

행운이 있기를.

이게 끝이야?

아니.
또다른 미래의 시작이지.

부록

완성 코드

```python
class Cloud:
    def __init__(self):
        self.x = 300
        self.y = 50
    def draw(self):
        screen.blit(cloud_image,(self.x,self.y))
    def rain(self):
        raindrops.append(Raindrop(random.randint(self.x,self.x+300),self.y+100))
    def move(self):
        if pressed_keys[K_RIGHT]:
            self.x += 1
        if pressed_keys[K_LEFT]:
            self.x -= 1

raindrops = []
mike = Mike()
cloud = Cloud()

while 1:
    clock.tick(60)
    for event in pygame.event.get():
        if event.type == pygame.QUIT:
            sys.exit()
    pressed_keys = pygame.key.get_pressed()

    screen.fill((255,255,255))
    mike.draw()
    cloud.draw()
    cloud.rain()
    cloud.move()
    i = 0
    while i < len(raindrops):
        raindrops[i].move()
        raindrops[i].draw()
        flag = False
        if raindrops[i].off_screen():
            flag = True
        if mike.hit_by(raindrops[i]):
```

```
Rain.py

                flag = True
                last_hit_time = time.time()
            if flag:
                del raindrops[i]
                i -= 1
            i += 1

    pygame.display.update()
```

Badguy.py

```
import pygame, sys, random, time
from pygame.locals import *
pygame.init()
clock = pygame.time.Clock()
pygame.display.set_caption("Space Invaders")
screen = pygame.display.set_mode((640,650))

badguy_image = pygame.image.load("images/badguy.png").convert()
last_badguy_spawn_time = 0
badguy_image.set_colorkey((0,0,0))
fighter_image = pygame.image.load("images/fighter.png").convert()
fighter_image.set_colorkey((255,255,255))
missile_image = pygame.image.load("images/missile.png").convert()
missile_image.set_colorkey((255,255,255))

score = 0
font = pygame.font.Font(None,20)
GAME_OVER = pygame.image.load("images/gameover.png").convert()

shots = 0
hits = 0
misses = 0

class Badguy:
    def __init__(self):
        self.x = random.randint(0,570)
        self.y = -100
        self.dy = random.randint(2,6)
        self.dx = random.choice((-1,1))*self.dy

    def move(self):
        self.x += self.dx
        self.dy += 0.1
        self.y += self.dy

    def bounce(self):
        if self.x < 0 or self.x > 570:
            self.dx *= -1
```

```
Badguy.py
        def draw(self):
            screen.blit(badguy_image,(self.x,self.y))

        def off_screen(self):
            return self.y> 640

        def touching(self,missile):
            return (self.x+35-missile.x)**2+(self.y+22-missile.y)**2 < 1225

        def score(self):
            global score
            score += 100

class Fighter:
        def __init__(self):
            self.x = 320
        def move(self):
            if pressed_keys[K_LEFT] and self.x > 0:
                self.x -= 3
            if pressed_keys[K_RIGHT] and self.x < 540:
                self.x += 3
        def draw(self):
            screen.blit(fighter_image,(self.x,591))
        def fire(self):
            global shots
            shots += 1
            missiles.append(Missile(self.x+50))

        def hit_by(self,badguy):
            return (
                badguy.y> 585 and
                badguy.x > self.x - 55 and
                badguy.x < self.x + 85
                )

class Missile:
        def __init__(self,x):
            self.x = x
            self.y = 591
```

```
Badguy.py
        def move(self):
            self.y -= 5
        def off_screen(self):
            return self.y < -8
        def draw(self):
            screen.blit(missile_image,(self.x-4,self.y))

badguys = []
fighter = Fighter()
missiles = []

while 1:
    clock.tick(60)
    for event in pygame.event.get():
        if event.type == QUIT:
            sys.exit()
        if event.type == KEYDOWN and event.key == K_SPACE:
            fighter.fire()
    pressed_keys = pygame.key.get_pressed()

    if time.time() - last_badguy_spawn_time > 0.5:
        badguys.append(Badguy())
        last_badguy_spawn_time = time.time()

    screen.fill((0,0,0))
    fighter.move()
    fighter.draw()

    i = 0
    while i < len(badguys):
        badguys[i].move()
        badguys[i].bounce()
        badguys[i].draw()
        if badguys[i].off_screen():
            del badguys[i]
            i -= 1
        i += 1

    i = 0
```

```
    while i < len(missiles):
        missiles[i].move()
        missiles[i].draw()
        if missiles[i].off_screen():
            del missiles[i]
            misses += 1
            i -= 1
        i += 1

    i = 0
    while i < len(badguys):
        j = 0
        while j < len(missiles):
            if badguys[i].touching(missiles[j]):
                badguys[i].score()
                hits += 1
                del badguys[i]
                del missiles[j]
                i -= 1
                break
            j += 1
        i += 1
    screen.blit(font.render("Score: "+str(score),True,(255,255,255)),(5,5))

    for badguy in badguys:
        if fighter.hit_by(badguy):
            screen.blit(GAME_OVER,(170,200))
            screen.blit(font.render(str(shots),True,(255,255,255)),(266,320))
            screen.blit(font.render(str(score),True,(255,255,255)),(266,348))
            screen.blit(font.render(str(hits),True,(255,255,255)),(400,320))
            screen.blit(font.render(str(misses),True,(255,255,255)),(400,337))
            if shots == 0:
                screen.blit(font.render("--",True,(255,255,255)),(400,357))
            else:
                screen.blit(font.render("{:.1f}%".format(100*hits/shots),Tr
ue,(255,255,255)),(400,357))

            while 1:
                for event in pygame.event.get():
```

```
Badguy.py

                if event.type == QUIT:
                    sys.exit()
            pygame.display.update()

    pygame.display.update()
```

Pong.py

```python
import pygame, sys, math, random, time
from pygame.locals import *
pygame.init()
pygame.display.set_caption("Pong")
screen = pygame.display.set_mode((1000,600))
clock = pygame.time.Clock()
ball_image = pygame.image.load("images/ball.png").convert_alpha()
rscore = 0
lscore = 0
font = pygame.font.Font(None,40)
font2 = pygame.font.SysFont("corbel",70)
font3 = pygame.font.Font(None,60)
match_start = time.time()
font4 = pygame.font.Font(None,30)

class Bat:
    def __init__(self,ctrls,x,side):
        self.ctrls = ctrls
        self.x = x
        self.y = 260
        self.side = side
        self.lastbop = 0

    def move(self):
        if pressed_keys[self.ctrls[0]] and self.y > 0:
            self.y -= 10
        if pressed_keys[self.ctrls[1]] and self.y < 520:
            self.y += 10
    def draw(self):
        offset = -self.side*(time.time() < self.lastbop+0.05)*10
        pygame.draw.line(screen,(255,255,255),(self.x+offset,self.y),(self.
x+offset,self.y+80),6)

    def bop(self):
        if time.time() > self.lastbop + 0.3:
            self.lastbop = time.time()

class Ball:
    def __init__(self):
```

```
                                                                      Pong.py
        self.d = (math.pi/3)*random.random()+(math.pi/3)+math.pi*random.randint(0,1)
        self.speed = 12
        self.dx = math.sin(self.d)*self.speed
        self.dy = math.cos(self.d)*self.speed
        self.x = 475
        self.y = 275

    def move(self):
        self.x += self.dx
        self.y += self.dy

    def bounce(self):
        if (self.y <=0 and self.dy < 0) or (self.y >= 550 and self.dy > 0):
            self.dy *= -1
            self.d = math.atan2(self.dx,self.dy)
        for bat in bats:
            if pygame.Rect(bat.x,bat.y,6,80).colliderect(self.x,self.y,50,50) and
abs(self.dx)/self.dx == bat.side:
                self.d += random.random()*math.pi/4 - math.pi/8
                if (0 < self.d < math.pi/6) or (math.pi*5/6 < self.d < math.pi):
                    self.d = ((math.pi/3)*random.random() + (math.pi/3))
                elif (math.pi < self.d < math.pi*7/6) or (math.pi*11/6 < self.d <
math.pi*2):
                    self.d=((math.pi/3)*random.random()+(math.pi/3))+math.pi
                self.d *= -1
                self.d %= math.pi*2

                if time.time() < bat.lastbop + 0.05 and self.speed < 20:
                    self.speed *= 1.5
                self.dx = math.sin(self.d)*self.speed
                self.dy = math.cos(self.d)*self.speed

    def draw(self):
        screen.blit(ball_image,(int(self.x), int(self.y)))

ball = Ball()
bats = [ Bat( [K_a,K_z], 10,-1), Bat( [K_UP,K_DOWN], 984,1) ]

while 1:
```

```
Pong.py

    clock.tick(30)
    for event in pygame.event.get():
        if event.type == QUIT:
            sys.exit()
        if event.type == KEYDOWN:
            if event.key == K_q:
                bats[0].bop()
            if event.key == K_RSHIFT:
                bats[1].bop()
    pressed_keys = pygame.key.get_pressed()

    screen.fill((0,0,0))
    pygame.draw.line(screen,(255,255,255),(screen.get_width()/2,0),(screen.get_
width()/2,screen.get_height()),3)
    pygame.draw.circle(screen, (255, 255, 255), (int(screen.get_width()/2),
int(screen.get_height()/2)), 50, 3)
    txt = font.render(str(int(60-(time.time() - match_start))),True,(255,255,255))
    screen.blit(txt,(screen.get_width()/2 - txt.get_width()/2,20))


    for bat in bats:
        bat.move()
        bat.draw()

    if ball.x < -50:
        ball = Ball()
        rscore += 1

    if ball.x > 1000:
        ball = Ball()
        lscore += 1

    ball.move()
    ball.draw()
    ball.bounce()

    txt = font.render(str(lscore),True,(255,255,255))
    screen.blit(txt,(20,20))
    txt = font.render(str(rscore),True,(255,255,255))
```

```
        screen.blit(txt,(980-txt.get_width(),20))

    if time.time() - match_start > 60:
        txt = font2.render("score",True,(255,0,255))
        screen.blit(txt,(screen.get_width()/4 - txt.get_width()/2,screen.get_
height()/4))
        screen.blit(txt,(screen.get_width()*3/4 - txt.get_width()/2,screen.get_
height()/4))
        txt = font3.render(str(lscore),True,(255,255,255))
        screen.blit(txt,(screen.get_width()/4 - txt.get_width()/2,screen.get_
height()/2))
        txt = font3.render(str(rscore),True,(255,255,255))
        screen.blit(txt,(screen.get_width()*3/4 - txt.get_width()/2,screen.get_
height()/2))
        txt = font4.render("Press Space to restart",True,(255,255,255))
        screen.blit(txt,(screen.get_width()*5/9,screen.get_height()-50))
        while 1:
            for event in pygame.event.get():
                if event.type == QUIT:
                    sys.exit()
            pressed_keys = pygame.key.get_pressed()
            if pressed_keys[K_SPACE]:
                lscore = 0
                rscore = 0
                bats[0].y = 200
                bats[1].y = 200
                match_start = time.time()
                ball = Ball()
                break
            pygame.display.update()

    pygame.display.update()
```

Rotated.py

```python
import pygame, sys
from pygame.locals import *
pygame.init()
clock = pygame.time.Clock()
screen = pygame.display.set_mode((1000,600))
fighter_image = pygame.image.load("images/fighter.png").convert()
fighter_image.set_colorkey((255,255,255))

class Fighter:
    def __init__(self):
        self.x = 450
        self.y = 270
        self.dir = 0

    def turn(self):
        if pressed_keys[K_a]:
            self.dir += 1
        if pressed_keys[K_z]:
            self.dir -= 1

    def draw(self):
        rotated = pygame.transform.rotate(fighter_image,self.dir)
        screen.blit(rotated,(self.x+fighter_image.get_width()/2- rotated.get_
width()/2,self.y+fighter_image.get_height()/2-rotated.get_height()/2))

fighter = Fighter()

while 1:
    clock.tick(60)

    for event in pygame.event.get():
        if event.type == QUIT:
            sys.exit()

    pressed_keys = pygame.key.get_pressed()
    screen.fill((0,0,0))
    fighter.draw()
    fighter.turn()

    pygame.display.update()
```

```
Badguy.py
```

```python
import pygame, sys, random, time, math
from pygame.locals import *
pygame.init()
clock = pygame.time.Clock()
pygame.display.set_caption("Space Invaders")
screen = pygame.display.set_mode((640,650))

badguy_image = pygame.image.load("images/badguy.png").convert()
last_badguy_spawn_time = 0
badguy_image.set_colorkey((0,0,0))
fighter_image = pygame.image.load("images/fighter.png").convert()
fighter_image.set_colorkey((255,255,255))
missile_image = pygame.image.load("images/missile.png").convert()
missile_image.set_colorkey((255,255,255))

score = 0
font = pygame.font.Font(None,20)
GAME_OVER = pygame.image.load("images/gameover.png").convert()

shots = 0
hits = 0
misses = 0

class Badguy:
    def __init__(self):
        self.x = random.randint(0,570)
        self.y = -100
        self.dy = random.randint(2,6)
        self.dx = random.choice((-1,1))*self.dy

    def move(self):
        self.x += self.dx
        self.dy += 0.1
        self.y += self.dy

    def bounce(self):
        if self.x < 0 or self.x > 570:
            self.dx *= -1
```

```python
    def draw(self):
        screen.blit(badguy_image,(self.x,self.y))

    def off_screen(self):
        return self.y > 640

    def touching(self,missile):
        return (self.x+35-missile.x)**2+(self.y+22-missile.y)**2 < 1225

    def score(self):
        global score
        score += 100

class Fighter:
    def __init__(self):
        self.x = 320
        self.y = 570
        self.dir = 0
    def turn(self):
        if pressed_keys[K_a] and self.dir< 90:
            self.dir += 1
        if pressed_keys[K_z] and self.dir> -90:
            self.dir -= 1

    def move(self):
        if pressed_keys[K_LEFT] and self.x > 0:
            self.x -= 3
        if pressed_keys[K_RIGHT] and self.x < 540:
            self.x += 3
    def draw(self):
        rotated = pygame.transform.rotate(fighter_image,self.dir)
        screen.blit(rotated,(self.x+fighter_image.get_width()/2-rotated.get_
width()/2, self.y+fighter_image.get_height()/2-rotated.get_height()/2))

    def fire(self):
        global shots
        shots += 1
```

```
📄 Badguy.py
```

```python
        missiles.append(Missile(self.x+fighter_image.get_width()/2,self.y+fighter_
image.get_height()/2,self.dir))

    def hit_by(self,badguy):
        return (
            badguy.y> 585 and
            badguy.x > self.x - 55 and
            badguy.x < self.x + 85
            )

class Missile:
    def __init__(self,x,y,dir):
        self.x = x-math.sin(math.radians(dir))*60
        self.y = y-math.cos(math.radians(dir))*60
        self.dx = -math.sin(math.radians(dir))*5
        self.dy = -math.cos(math.radians(dir))*5
        self.dir = dir

    def move(self):
        self.x += self.dx
        self.y += self.dy
    def off_screen(self):
        return self.y < -8
    def draw(self):
        rotated = pygame.transform.rotate(missile_image,self.dir)
        screen.blit(rotated,(self.x-4,self.y))

badguys = []
fighter = Fighter()
missiles = []

while 1:
    clock.tick(60)
    for event in pygame.event.get():
        if event.type == QUIT:
            sys.exit()
        if event.type == KEYDOWN and event.key == K_SPACE:
            fighter.fire()
```

```python
        pressed_keys = pygame.key.get_pressed()

        if time.time() - last_badguy_spawn_time > 0.5:
            badguys.append(Badguy())
            last_badguy_spawn_time = time.time()

        screen.fill((0,0,0))
        fighter.move()
        fighter.turn()
        fighter.draw()

        i = 0
        while i < len(badguys):
            badguys[i].move()
            badguys[i].bounce()
            badguys[i].draw()
            if badguys[i].off_screen():
                del badguys[i]
                i -= 1
            i += 1

        i = 0
        while i < len(missiles):
            missiles[i].move()
            missiles[i].draw()
            if missiles[i].off_screen():
                del missiles[i]
                misses += 1
                i -= 1
            i += 1

        i = 0
        while i < len(badguys):
            j = 0
            while j < len(missiles):
                if badguys[i].touching(missiles[j]):
                    badguys[i].score()
                    hits += 1
```

```
                del badguys[i]
                del missiles[j]
                i -= 1
                break
            j += 1
        i += 1
    screen.blit(font.render("Score: "+str(score),True,(255,255,255)),(5,5))

    for badguy in badguys:
        if fighter.hit_by(badguy):
            screen.blit(GAME_OVER,(170,200))
            screen.blit(font.render(str(shots),True,(255,255,255)),(266,320))
            screen.blit(font.render(str(score),True,(255,255,255)),(266,348))
            screen.blit(font.render(str(hits),True,(255,255,255)),(400,320))
            screen.blit(font.render(str(misses),True,(255,255,255)),(400,337))
            if shots == 0:
                screen.blit(font.render("--",True,(255,255,255)),(400,357))
            else:
                screen.blit(font.render("{:.1f}%".format(100*hits/shots),Tr
ue,(255,255,255)),(400,357))


                while 1:
                    for event in pygame.event.get():
                        if event.type == QUIT:
                            sys.exit()
                    pygame.display.update()

    pygame.display.update()
```

Fly.py

```python
import pygame, sys, time, random, math
from pygame.locals import *
pygame.init()
clock = pygame.time.Clock()
pygame.display.set_caption("Fly Catcher")
screen = pygame.display.set_mode((1000,600))
fly_image = pygame.image.load("images/fly.png").convert_alpha()
fly_sound = pygame.mixer.Sound("sounds/fly-buzz.ogg")
menu = "start"
homescreen_image = pygame.image.load("images/flycatcher_home.png").convert_alpha()
font = pygame.font.SysFont("draglinebtndm",60)
frog_image = pygame.image.load("images/frog.png").convert_alpha()
tongue_sound = pygame.mixer.Sound("sounds/tongue.ogg")
font2 = pygame.font.SysFont("couriernew",15)
death_time = False
gameover_image = pygame.image.load("images/flycatcher_game_over.png").convert_alpha()


class Fly:
    def __init__(self):
        self.x = random.randint(0,screen.get_width()-fly_image.get_width())
        self.y = random.randint(0,screen.get_height()-fly_image.get_height())
        self.dir = random.randint(0,359)
        self.spawn_time = time.time()
        fly_sound.play()
        self.stuck = False

    def draw(self):
        if self.stuck:
            tpos = frog.get_tongue_pos()
            screen.blit(fly_image,(tpos[0]-fly_image.get_width()/2,tpos[1]-fly_image.
get_height()/2))
        elif time.time() > self.spawn_time+1.4 and time.time() < self.spawn_
time+3.4:
            rotated = pygame.transform.rotate(fly_image,self.dir)
            screen.blit(rotated,(self.x,self.y))

    def stick(self):
        if not self.stuck and time.time() > self.spawn_time + 1.4 and time.time() <
self.spawn_time + 3.4:
```

```
Fly.py

            tpos = frog.get_tongue_pos()
            fpos = (self.x+fly_image.get_width()/2,self.y+fly_image.get_height()/2)
            if (tpos[0]-fpos[0])**2+(tpos[1]-fpos[1])**2 < (fly_image.get_
width()/2+10)**2:
                self.stuck = True

class Frog:
    def __init__(self):
        self.dir = 0
        self.tongue_dist = 0
        self.tongue_extend = 0
        self.energy = 100
    def move(self):
        self.tongue_dist += self.tongue_extend * 10
        if self.tongue_dist**2 > (fly.x-screen.get_width()/2)**2 +(fly.y-screen.get_
height()/2)**2:
            self.tongue_extend = -1
        if self.tongue_dist == 0:
            self.tongue_extend = 0
        if pressed_keys[K_LEFT]:
            self.dir += 4
        if pressed_keys[K_RIGHT]:
            self.dir -= 4
    def draw(self):
        if death_time:
            rotated = pygame.transform.rotozoom(frog_image,self.dir,1-((time.time()-
death_time)/2))
            screen.blit(rotated,(screen.get_width()/2-rotated.get_width()/2,screen.
get_height()/2-rotated.get_height()/2))
        else:
            tpos = self.get_tongue_pos()
            pygame.draw.circle(screen,(255,50,50),tpos,10)
            pygame.draw.line(screen,(255,50,50),(screen.get_width()/2,screen.get_
height()/2),tpos,10)
            rotated = pygame.transform.rotate(frog_image,self.dir)
            screen.blit(rotated, (screen.get_width()/2-rotated.get_width()/2,screen.
get_height()/2-rotated.get_height()/2))
    def get_tongue_pos(self):
        return (
```

```
int(screen.get_width()/2-self.tongue_dist*math.sin(math.radians(self.
dir))),
                int(screen.get_height()/2-self.tongue_dist*math.cos(math.radians(self.
dir)))
        )
    def tongue_poke(self):
        if self.tongue_dist == 0:
            self.tongue_extend = 5
            tongue_sound.play()


fly = None
frog = Frog()

while 1:
    clock.tick(60)
    for event in pygame.event.get():
        if event.type == QUIT:
            sys.exit()
        if event.type == KEYDOWN and event.key == K_SPACE:
            frog.tongue_poke()
    pressed_keys = pygame.key.get_pressed()

    if menu == "start":
        screen.blit(homescreen_image,(0,0))
        txt = font.render("Play",True,(255,255,255))
        txt_x = 705
        txt_y = 435
        buttonrect = pygame.Rect((txt_x,txt_y),txt.get_size())
        pygame.draw.rect(screen,(200,50,0),buttonrect)
        screen.blit(txt, (txt_x, txt_y))
    if pygame.mouse.get_pressed()[0] and buttonrect.collidepoint(pygame.mouse.get_
pos()):
        menu = "game"
        game_start = time.time()

    if menu == "game":
        frog.energy -= 0.1
        if fly == None or (time.time() > fly.spawn_time + 4.4 and not fly.stuck):
```

```
fly = Fly()
if fly.stuck and frog.tongue_dist == 0:
    frog.energy = min(100, frog.energy+50)
    fly = Fly()
screen.fill((255,255,255))
frog.move()
frog.draw()
fly.stick()
fly.draw()
if frog.energy >= 0:
    pygame.draw.rect(screen,(200,50,0),(10,110,20,-frog.energy))
if frog.energy <= 0 and not death_time and frog.tongue_dist == 0:
    death_time = time.time()
if death_time:
    txt = font.render("Time:"+str(int((death_time - game_start)*10)/10.),
True,(0,0,0))
else:
    txt = font.render("Time:"+str(int((time.time() - game_start)*10)/10.),
True,(0,0,0))
    screen.blit(txt,(10,120))
if death_time and time.time() > death_time + 2:
    menu = "dead"
if menu == "dead":
    screen.blit(gameover_image,(0,0))
    txt = font2.render("You survived: "+str(int((death_time - game_start)*10)/10
.)+"seconds",True,(0,0,0))
    screen.blit(txt,(705,500))
    txt = font.render("Play",True,(255,255,255))
    txt_x = 705
    txt_y = 235
    buttonrect = pygame.Rect((txt_x,txt_y),txt.get_size())
    pygame.draw.rect(screen,(200,50,0),buttonrect)
    screen.blit(txt, (txt_x, txt_y))
    if pygame.mouse.get_pressed()[0] and buttonrect.collidepoint(pygame.mouse.
get_pos()):
        menu = "game"
        game_start = time.time()
        energy = 100
        death_time = False
```

```
Fly.py
            fly = None
            frog = Frog()
        pygame.display.update()
```

```
Tank.py

import pygame, sys, math, random, time
from pygame.locals import *
pygame.mixer.init(buffer=512)
pygame.init()
pygame.display.set_caption("Tank Battle")
clock = pygame.time.Clock()
screen = pygame.display.set_mode((1000,600))
homescreen_image = pygame.image.load("images/TBhomescreen.jpg").convert()
landscape_image = pygame.image.load("images/landscape.jpg").convert()
wall_image = pygame.image.load("images/wall.png").convert()
vert_wall_image = pygame.transform.rotate(wall_image,90)
tankG_image = pygame.image.load("images/tankG.png").convert_alpha()
tankB_image = pygame.image.load("images/tankB.png").convert_alpha()
menu = "home"
shell_sound = pygame.mixer.Sound("sounds/shell.ogg")
harm_sound = pygame.mixer.Sound("sounds/tank_hit.ogg")
G_lives=(
    pygame.image.load("images/lives_1G.png").convert_alpha(),
    pygame.image.load("images/lives_2G.png").convert_alpha(),
    pygame.image.load("images/lives_3G.png").convert_alpha()
    )
B_lives=(
    pygame.image.load("images/lives_1B.png").convert_alpha(),
    pygame.image.load("images/lives_2B.png").convert_alpha(),
    pygame.image.load("images/lives_3B.png").convert_alpha()
    )
G_wins = pygame.image.load("images/greenwins.jpg").convert()
B_wins = pygame.image.load("images/bluewins.jpg").convert()
shell_image = pygame.image.load("images/shell.png").convert_alpha()
ammobox_image = pygame.image.load("images/ammobox.png").convert_alpha()

class Wall:
    def __init__(self,x,y,vert):
        self.x = x
        self.y = y
        self.vert = vert
        self.speed = 1
    def draw(self):
        if self.vert:
```

```python
                    screen.blit(vert_wall_image,(self.x,self.y))
            else:
                    screen.blit(wall_image,(self.x,self.y))
    def move(self):
        if self.vert:
            self.y += self.speed
        else:
            self.x += self.speed
        if (
            (self.vert and (self.y < 50 or self.y > 350 )) or
            (not self.vert and ((self.x < 50 or self.x > 750) or
            (self.x > 200 and self.x <600 )))):
            self.speed *= -1

class Tank:
    def __init__(self,x,y,dir,ctrls,img):
        self.x = x
        self.y = y
        self.ctrls = ctrls
        self.dir = dir
        self.img = img
        self.flash_time_end = 0
        self.lives = 3
        self.ammo = 5
    def draw(self):
        if time.time() > self.flash_time_end or time.time()%0.1 < 0.05:
            rotated = pygame.transform.rotate(self.img,self.dir)
            screen.blit(rotated,(self.x+self.img.get_width()/2-rotated.get_
width()/2,self.y+self.img.get_height()/2-rotated.get_height()/2))

    def move(self):
        dx = math.sin(math.radians(self.dir))
        dy = math.cos(math.radians(self.dir))
        if pressed_keys[self.ctrls[0]]:
            self.x -= dx
            self.y -= dy
        if pressed_keys[self.ctrls[1]]:
            self.x += 0.5*dx
            self.y += 0.5*dy
```

```
            ammoboxes = (Ammobox(740,500),Ammobox(200,20))
            menu = "game"
    pygame.display.update()
```

찾아보기

Index

이 도서의 국립중앙도서관 출판시도서목록(CIP)은 서지정보유통지원시스템(http://seoji.nl.go.kr)과
국가자료공동목록시스템(http://www.nl.go.kr/kolisnet)에서 이용하실 수 있습니다.
(CIP제어번호 : 2018027455)

파이썬으로 시작하는 코딩
- 나만의 게임을 만들어 보자!

초판 1쇄 인쇄 2018년 9월 10일
지 은 이 브라이언 칼링 & 말리 아데어
옮 긴 이 민지현
발 행 처 코딩타임
발 행 인 이길호
편 집 인 김경문
편 집 신은정·최아라
마 케 팅 이태훈
디 자 인 모랑
제 작 김진식·김진현·권경민
재 무 강상원

코딩타임은 (주)타임교육의 단행본 출판 브랜드입니다.

출판등록 2009년 3월 4일 제322-2009-000050호
주 소 서울시 성동구 광나루로 310 푸조비즈타워 1층, 5층
전 화 02-3480-6627
팩 스 02-395-0251
이 메 일 timebookskr@naver.com

© 2016 by Brian Carling, Marley Adair

ISBN 978-89-286-4392-9 (93560)
CIP 2018027455